Algebra

Ursprünglicher Titel: *Mathemathics. From Algebra to Algorithms Adventures in Numbers*

© 2022 Librero IBP (für die deutschsprachige Ausgabe),
Postbus 72, 5330 AB Kerkdriel, Niederlande

© 2022 Quarto Publishing plc
Layout und Illustrationen von Subtract Design
Texte von Gary Hayden und Michael Picard

© für die deutsche Übersetzung:
2010 dtv Verlagsgesellschaft mbH & Co. KG, München, Germany

Produktion der deutschsprachigen Ausgabe:
iMport/eXport, Emden

Printed in China

ISBN: 978-94-6359-808-8

Bei der Zusammenstellung der Texte und Abbildungen wurde mit größter
Sorgfalt vorgegangen. Trotzdem können Fehler nicht vollständig ausgeschlossen
werden. Verlag und Autor können für fehlerhafte Angaben und deren Folgen
weder juristische noch irgendeine Haftung übernehmen. Für Verbesserungsvorschläge
und Hinweise auf Fehler sind Verlag und Autor dankbar.

MIX
Papier aus verantwor-
tungsvollen Quellen
FSC
www.fsc.org
FSC® C008047

Algebra

von Algorithmen bis Vektoren

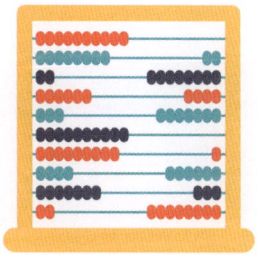

MICHAEL WILLERS

Aus dem Englischen von
SEBASTIAN VOGEL

Librero

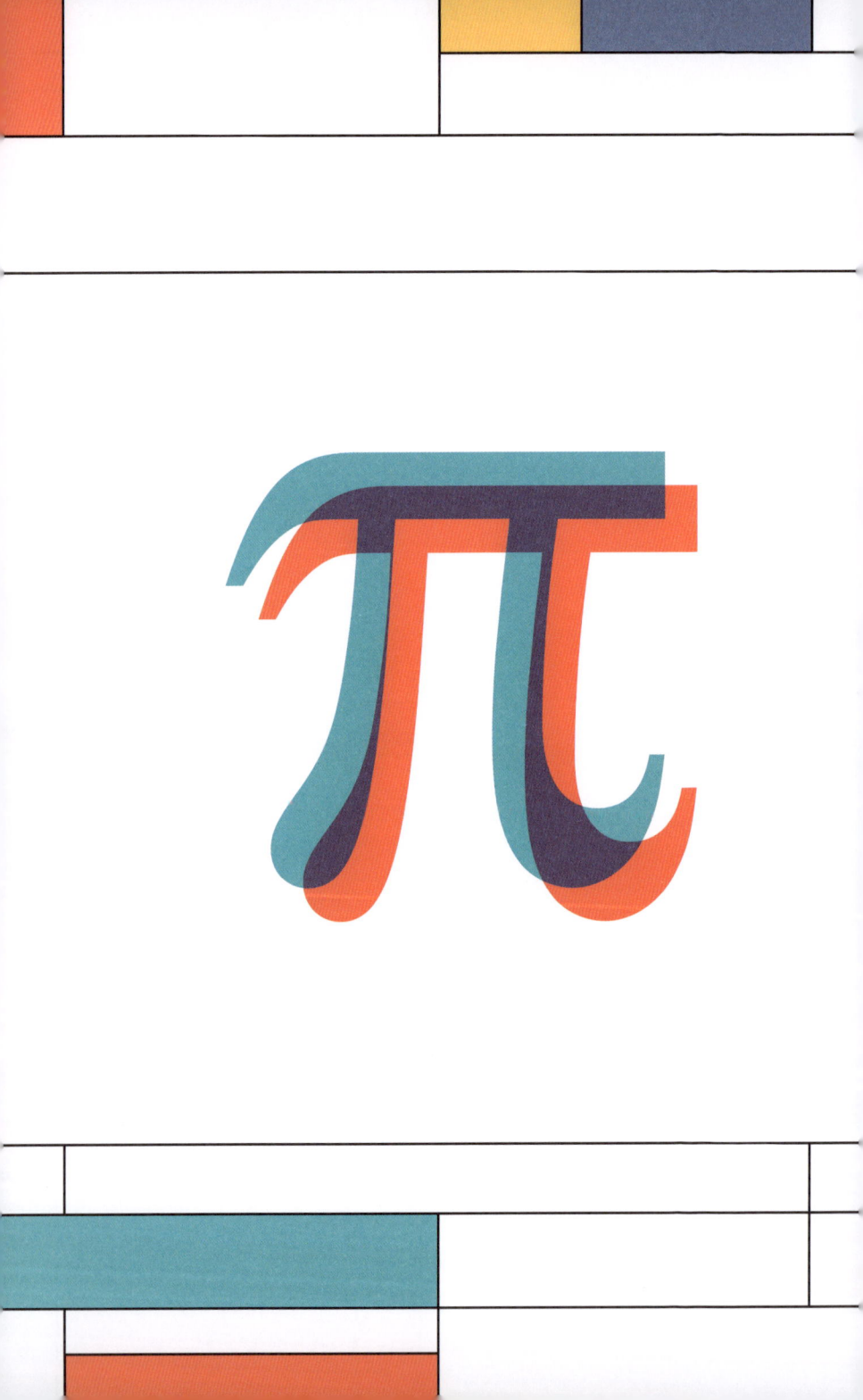

Inhalt

Algebra: eine Einführung   6

Algebra-Basics   12

Das alte Griechenland   40

Ägypten, Indien und Persien   68

Die Italien-Connection   92

Europa nach der Renaissance   114

Geld und Datenschutz   150

Register   174

Algebra: eine Einführung

Unter Mathematik verstehen verschiedene Menschen ganz unterschiedliche Dinge. Für manche verkörpert sie die gesamte Schönheit des Universums. Für andere ist sie ein einschüchterndes Thema, ob sie die Form von Gleichungen auf einer Schultafel einnimmt oder ob das Geld am Ende des Monats nie reicht.

Diese gegensätzlichen Sichtweisen sind beide viel zu einfach. Einerseits kann selbst der überzeugteste Zahlenhasser sich kaum der einfachen, fesselnden Schönheit der Fibonacci-Reihe entziehen, wenn sie uns in der Natur begegnet; und andererseits müsste selbst der eifrigste Mathematikliebhaber zugeben, dass viele besonders schöne Ideen der Mathematiker von einer Aura des undurchdringlichen Geheimnisses umgeben sind, die sie für den größten Teil der Bevölkerung unzugänglich macht.

Dieses Flair des Andersseins kann Angst machen. Der Kirchenvater Augustinus von Hippo verstieg sich im 4. Jahrhundert sogar zu der Behauptung: „Es besteht bereits die Gefahr, dass die Mathematiker einen Pakt mit dem Teufel geschlossen haben, um den Geist zu verdunkeln und den Menschen in den Grenzen der Hölle festzuhalten." Ein Eindruck, den zweifellos viele verwirrte, entmutigte Schüler teilen würden.

Doch so muss es nicht sein. Manche Ideen sind schwer zu verstehen, aber es gibt auch viel Schönes zu sehen. Um das Wesen der Mathematik zu begreifen, muss man bedenken, worum es in der Mathematik eigentlich geht, warum sie so einzigartig ist und wie sie sich entwickelt hat. Auf diesem Weg möchte dieses Buch Sie begleiten. Unterwegs werden wir viele interessante, anspruchsvolle Ideen kennenlernen, aber unser Ziel ist, sie mit der Alltagswelt zu verbinden; und wo das nicht möglich ist, lehnen wir uns einfach zurück und staunen darüber, welche Schönheit die Zahlen enthüllen.

Was ist Mathematik?

Mathematik wurde auf ganz unterschiedliche Weise beschrieben. Man hat sie als Wissenschaft der Zahlen und Größen bezeichnet, als Wissenschaft der Gesetzmäßigkeiten und Beziehungen, als Sprache der Wissenschaft. Der berühmte italienische Wissenschaftler Galilei (1564–1642) behauptete: „Die Gesetze der Natur sind in der Sprache der Mathematik geschrieben." Tatsächlich trifft all das auf die Mathematik zu. Sie ist ein kreatives, dynamisches Forschungsgebiet. Ihr explosionsartiges Wachstum bleibt der Öffentlichkeit oft verborgen, doch das hat sich in den letzten Jahren geändert. Wissenschaftliche Entdeckungen und Debatten – beispielsweise zur globalen Erwärmung – führten zu dem Wunsch, das zugrunde liegende mathematische Bezugssystem zu verstehen. Dabei spielen auch die Medien eine gewisse Rolle: Mathematik steht beispielsweise im Mittelpunkt von Werken wie dem oscargekrönten Film *A Beautiful Mind* (nach dem gleichnamigen, für den

Die Zahlen der Fibonacci-Zahlenfolge kommen in der Natur an vielen Stellen vor. Dieses Gänseblümchen hat zum Beispiel 21 Blütenblätter.

Pulitzerpreis nominierten Buch) und Dan Browns Bestseller *Sakrileg*, um nur zwei Beispiele zu nennen.

Trotzdem gilt die Mathematik nach wie vor vielen Menschen als ein statisches, völlig von der wirklichen Welt isoliertes Fach. Schuld daran ist ein Bildungssystem, das sich vor allem auf einen Stoff konzentriert, der schon vor Jahrtausenden entwickelt wurde. Damit soll nicht gesagt werden, dass diese Themen nicht wichtig und interessant wären, aber sie vermitteln kaum, was für ein lebendiges Fach die Mathematik ist oder dass sie sich im Laufe der Zeit weiterentwickelt hat. Die Mathematik hat eine reichhaltige Geschichte; viele der faszinierenden Mathematiker, die sie geprägt haben, werden wir auf den folgenden Seiten kennenlernen.

Und auch heute wird die Mathematik von bemerkenswerten Menschen geprägt. Der englische Mathematiker Andrew Wiles, der 1984 die berühmte Lösung für „Fermats letzten Satz" fand, und die Beliebtheit des darauffolgenden Buches von Simon Singh sind ein Beweis, dass die Mathematik auch heute wächst und sich wandelt.

Eine kurze Geschichte der Mathematik

Wie die Entdeckung eines 30 000 Jahre alten Wolfsknochens mit jeweils fünf Zählkerben beweist: Die Geschichte der Mathematik ist wirklich sehr alt.

Ebenso erkannte man, dass Mathematik nicht ausschließlich die Domäne der Menschen ist – wie man beispielsweise nachweisen konnte, unterscheiden Krähen zwischen Gruppen von bis zu vier Elementen; Ansätze zum Zählen sind also auch bei anderen Lebewesen vorhanden. Und wir müssen uns die Frage stellen: Was war zuerst da, die Menschen oder die Mathematik?

Angesichts der langen, höchst farbigen Geschichte der Mathematik ist es kaum verwunderlich, dass die Erkenntnisse der großen Mathematiker weit über dieses Fach hinausgehen. Viele von ihnen waren Universalgelehrte – entweder große Naturwissenschaftler oder kluge Philosophen.

Wenn man die Geschichte der Mathematik untersucht, beschäftigt man sich gleichzeitig mit der Geschichte der Zivilisation. Und man kann mit Fug und Recht die Ansicht vertreten, dass die wissenschaftliche Revolution der Renaissance erst möglich wurde, nachdem die Fortschritte der Mathematik sie zuließen. Als Fibonacci (s. S. 94/95 und 98/99) im 13. Jahrhundert in Europa die indisch-arabischen Zahlen einführte, wurde die Mathematik von den Beschränkungen des römischen Zahlensystems befreit.

Die Mathematik schritt nicht überall im gleichen Tempo voran. Mit ihrem Fortschritt ging es auf und ab. Gedanken wurden entdeckt, gingen verloren und wurden wieder gefunden. Der Strom der Kenntnisse verlief nicht immer in eine Richtung, und die moderne Mathematik beinhaltet Ideen von den unterschiedlichsten Orten. In erster Linie müssen wir den arabischen und persischen Mathematikern dankbar sein. Geografisch zwischen Griechenland und Indien gelegen, übernahmen sie das Beste aus beiden Welten; später gelangten ihre Kenntnisse dann wieder nach Europa und wurden zum Ausgangspunkt für die Renaissance.

In der modernen Welt ist Mathematik allgegenwärtig. Natürlich waren wir immer von ihr umgeben. Aber heute spielt sie im Alltagsleben eine größere Rolle als je zuvor. Die hoch entwickelten modernen Computer zeigen, wie viel in technische Kunstgriffe investiert wurde, und damit verbindet sich auch eine unglaublich hoch entwickelte Mathematik.

„Es gibt keinen Königsweg zur Geometrie"

– Euklid

Um die Schönheit der Zahlen würdigen zu können, braucht man aber weder ein Computerfreak noch ein Mathematikgenie zu sein. Je mehr man sich der Mathematik bewusst wird, desto mehr erkennt man auch ihren Einfluss in unserer Umwelt – und dazu muss man nicht unbedingt noch die letzte Gleichung verstehen. Selbst die raffiniertesten Verästelungen der Mathematik, beispielsweise die Chaostheorie, finden sich in alltäglichen Bildern wie den Rauchfäden aus einer Zigarette oder dem Sahnewirbel in der Kaffeetasse. Oder, wie René Descartes es formulierte: „Für mich verwandelt sich alles in Mathematik."

Euklid gilt häufig als Vater der Geometrie, und Geometrie war die Grundlage der altgriechischen Mathematik.

Das Wesen der Mathematik

Mathematik ist einzigartig, denn sie kann handfest und gleichzeitig völlig abstrakt sein. Auf der einfachsten Ebene kann man beispielsweise die Addition mit konkreten Gegenständen wie einer Handvoll Kieselsteine verdeutlichen, gleichzeitig ist die Summe 2 + 2 = 4 aber eine allgemeine Aussage, die man über jedes Objekt treffen kann, ob es nun Kieselsteine oder Birnen sind; sie kann sogar einen völlig abstrakten Ausdruck darstellen, zu dem es keinerlei physische Verkörperung gibt.

Die historische Entwicklung der Mathematik verlief von einer konkreteren zu einer immer abstrakteren Wissenschaft. Für die alten Griechen war sie ein sehr praktisches Thema, dessen Grundlage die Geometrie bildete. Eine Variable wurde als Strecke dargestellt, das Quadrat dieser Variablen als Fläche und die dritte Potenz als Volumen. Diese pragmatische Vorgehensweise verursachte den Griechen aber Kopfschmerzen, wenn sie es mit Ideen zu tun hatten, die außerhalb dieses Prinzips lagen, wie beispielsweise die negativen Zahlen.

Im Laufe der folgenden Jahrtausende wurde die Mathematik in ihrer Form immer abstrakter und damit auch immer vielseitiger. Das heißt aber nicht, dass sie weniger praktische Anwendungsmöglichkeiten hätte. Selbst wenn man eine Idee ursprünglich auf rein theoretischer Grundlage weiterverfolgt, kann sie später ihren Weg in die alltägliche Nutzung finden. Ein gutes Beispiel ist der französische Mathematiker Joseph Fourier (1768–1830), der mit unendlichen Reihen trigonometrischer Funktionen arbeitete. Zu seinen Lebzeiten war dies ein rein theoretisches Thema, ein mathematisches Rätsel, das man schein-

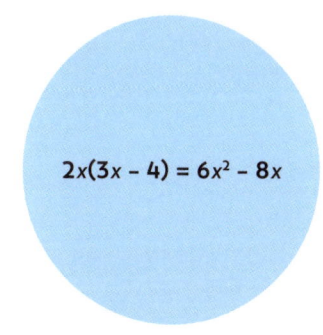

$$2x(3x - 4) = 6x^2 - 8x$$

Die Sprache der Mathematik ist wunderschön und überwindet die Grenzen von Staaten und Kontinenten.

bar nur um seiner selbst willen löste. Viele Jahre später jedoch bildeten seine Überlegungen die Grundlage für die Analog-Digital-Wandlung, das Verfahren, mit dem man beispielsweise analoge Schallwellen auf der digitalen CD aufzeichnet.

Die Sprache der Mathematik

Es gehört zu den faszinierendsten Aspekten der Mathematik, dass sie eine universelle Sprache ist. Ich habe in meinen Kursen viele Austauschschüler. Wenn sie die Lehrbücher aus ihren Heimatländern mitbringen, verstehe ich kein einziges Wort, aber was ich verstehe, sind die mathematischen Symbole. Der große deutsche Mathematiker David Hilbert (1862–1943) sagte einmal: „Mathematik kennt keine Rassen oder geografische Grenzen; für die Mathematik ist die ganze kulturelle Welt ein einziges Land."

Verblüffend, aber wahr: Mathematik dürfte sogar universell im wahrsten Sinne des Wortes sein. Aus diesem Grund bedient man sich bei der Suche nach außerirdischer Intelligenz der binären Darstellung von π (s. S. 18/19) und der Primzahlen (s. S. 16). Denn es ist unwahrscheinlich, dass intelligente Lebensformen auf anderen Planeten das Wort „Hallo" in irgendeiner Sprache verstehen. Viel wahrscheinlicher ist, dass sie eine Vorstellung von π haben, die sich aus der Arbeit mit Kreisen ergibt; und auch wenn ihr wichtigstes mathematisches System vermutlich anders wäre als unseres, das auf der Zahl 10 beruht, würden sie wahrscheinlich das Konzept der Binärzahlen (ein/aus oder Tag/Nacht) verstehen.

Je mehr man über die Mathematik weiß, desto stärker wird man sich bewusst, dass wir überall von ihr umgeben sind. Ihre Allgegenwart ist ihre wichtigste Eigenschaft.

Was ist Algebra?

Das Wort „Algebra" stammt aus einem Werk von al-Chwarizmi (s. S. 86/87) mit dem Titel *Hisab al-dschabr wa-l-muqabala* aus dem „al-dschabr" wurde dann „Algebra". Und al-Chwarizmi wird manchmal als „Vater der Algebra" bezeichnet.

Wenn auf den folgenden Seiten von Algebra die Rede sein wird, ist damit die elementare Algebra gemeint, das heißt die Algebra, die an den Schulen auf der ganzen Welt unterrichtet wird. Es gibt auch andere Arten – beispielsweise die Boolesche Algebra (die Algebra der Logik) –, die ebenfalls einigermaßen verständlich sind, andere Formen sind jedoch wesentlich anspruchsvoller.

Im Mittelpunkt steht hier die Algebra, die sich mit arithmetischen Operationen zu Zahlen und Variablen beschäftigt, oder anders gesagt: mit Dingen, die wie $3x + 5 = 9$ aussehen. Aber natürlich erschien die Algebra nicht in ihrer ausgereiften Form auf der Bildfläche: Eine solche Schreibweise ist relativ jungen Datums; sie stammt aus dem 17. Jahrhundert und den Arbeiten von René Descartes (s. S. 116/117).

Das erste Entwicklungsstadium war die rhetorische Algebra. Sie hatte die Form ganzer Sätze und dominierte bis zum 3. Jahrhundert. Heute ist diese Form der Algebra den meisten Schülern ein Gräuel. Statt $3x + 5 = 9$ zu lösen, müsste man sich mit der Lösung einer altertümlichen Formulierung beschäftigen: „Eine Menge, dreimal um sich selbst vermehrt und dann um fünf vermehrt, ist gleich dem Wert neun."

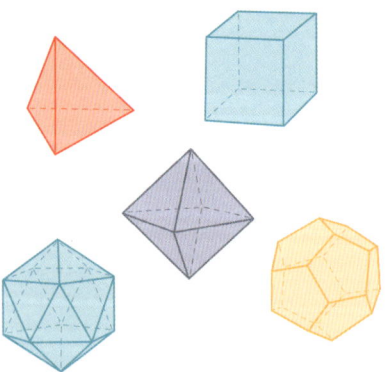

Die fünf platonischen Körper. Diese faszinierenden Gebilde haben einzigartige Eigenschaften (s. S. 52/53).

SCHREIBWEISEN

Die hier durchgängig benutzte Schreibweise ist allgemein üblich. Um Verwirrung zu vermeiden, wurde x ausschließlich für Variablen benutzt, und das Symbol · bezeichnet die Multiplikation.

Zur besseren Verständlichkeit werden Zahlen und Worte jeweils da benutzt, wo es am meisten angebracht ist. Zudem werden in der Regel metrische Maßeinheiten verwendet, denn wichtig sind eigentlich nur die Zahlen.

die wir heute kennen. Wenn wir $3x + 5 = 9$ schreiben, ist x die Unbekannte, und wir können mithilfe der übrigen verfügbaren Informationen die Lösung finden. Es handelt sich um eine echte theoretische Frage, die nicht an ein praktisches Beispiel gebunden sein muss.

Erste Früchte trug diese Schreibweise bei René Descartes, bis zu einem gewissen Punkt hatte man sie aber auch schon vor seiner Zeit entwickelt.

Daneben machte die Algebra, wie wir bereits erfahren haben, mehrere Stadien der zunehmenden Abstraktion durch. In babylonischer, ägyptischer und frühgriechischer Zeit war Mathematik geometrischer Natur, was Begriffe wie Null und negative Zahlen absurd machte. Auch zur Zeit der synkopierten Algebra blieb die Abneigung gegen negative Zahlen bestehen. Noch im 14. Jahrhundert begegnete man ihnen in Europa mit Misstrauen.

Dann folgte in der Algebra eine Phase, in der das Lösen von Gleichungen im Vordergrund stand, und damit beschäftigt sich dieses Buch im weiteren Verlauf.

Also machen wir uns auf die Reise!

Als Nächstes folgte die synkopierte Algebra, die Symbole und Abkürzungen einführte. In diese Kategorie gehören die Arbeiten von Diophant (s. S. 64–71) und Brahmagupta (s. S. 78/79). Sie war eine Verbesserung, erforderte aber im Vergleich zur nächsten Entwicklungsstufe immer noch viel Arbeit.

Das letzte Entwicklungsstadium, zumindest für unseren Zusammenhang, war die symbolische Algebra. Das ist die Form,

„Mathematik kennt keine Rassen oder geografische Grenzen; für die Mathematik ist die ganze kulturelle Welt ein einziges Land."

– David Hilbert (1862–1943)

Kapitel 1

Algebra-Basics

In diesem ersten Kapitel beschäftigen wir uns mit ein paar Grundlagen. Zunächst werden wir einige Arten von Zahlen kennenlernen, darunter die vollkommenen, die natürlichen und die irrationalen Zahlen sowie die Lieblingszahl aller: π. Danach wenden wir uns einigen Methoden zu, mit denen man grundlegende algebraische Gleichungen lösen kann, und wir enthüllen einige ihrer faszinierenden historischen Hintergründe.

Arten von Zahlen: Teil 1

Eine Zahl ist einfach eine Zahl, oder? Nun, nicht ganz. Zahlen sind wie Menschen: Sie gehören zu verschiedenen Gruppen. Es ist wie mit einer Schulklasse, in der es beliebte Kinder, Außenseiter und andere gibt. Manche Zahlen sind Quadratzahlen, manche sind vollkommene Zahlen, und eine ist sogar golden. (Die goldene Zahl wird auf S. 100/101 genauer erörtert.) Bevor wir die goldenen und vollkommenen Zahlen kennenlernen, wollen wir uns die grundlegenden Zahlenkategorien ansehen.

Zahlenmengen

Stellen wir uns einmal vor, wir wären Höhlenbewohner und wollten uns mit dem Zählen von Steinen die Zeit vertreiben. Dazu brauchen wir das einfachste Zahlensystem, die „natürlichen" Zahlen: 1, 2, 3, 4, 5 und so weiter. Diese Zahlenmenge erfüllte viele Jahre lang ihren Zweck und tut das auch heute noch in vielerlei Hinsicht. Sie zu erweitern, erfordert einen großen Gedankensprung. Wir nehmen zu den natürlichen Zahlen eine einzige Zahl hinzu, die Null (siehe Kasten auf der nächsten Seite). Damit entsteht eine neue Menge, die „natürlichen Zahlen einschließlich der Null". Die Menge lautet dann 0, 1, 2, 3, 4, 5…

Zu den natürlichen Zahlen kommen die „negativen" Zahlen. Was wären Handel und Finanzwesen ohne negative Zahlen? Positive und negative Zahlen bezeichnet man zusammenfassend als „ganze Zahlen". Die Menge der ganzen Zahlen ist also … -3, -2, -1, 0, 1, 2, 3 … und man kann sie auch als 0, ±1, ±2, ±3 … schreiben.

Für die nächste Menge, die der „rationalen" Zahlen, müssen wir die Höhle verlassen. Die Landwirtschaft hat sich durchgesetzt und wir züchten Hühner.

Wir wollen die Hühner gegen eine Kuh eintauschen. Also treffen wir uns mit dem Kuhhirten; der übliche Preis für eine Kuh liegt bei 20 Hühnern. Wir haben nur 15 Hühner, können aber fünf von unserem Bruder Bob bekommen und so den Unterschied bezahlen. Wie viel von der Kuh müssen wir Bob geben, nachdem wir sie geschlachtet haben? Nun, Bob bekommt $\frac{5}{20}$ von der Kuh, oder einfacher kann man auch sagen: $\frac{1}{4}$ – ein Viertel.

Solche Brüche sind rationale Zahlen. Zu dieser Menge gehören alle Zahlen, die man in der Form $\frac{a}{b}$ ausdrücken kann, wobei a und b ganze Zahlen sind und b nicht 0 sein darf. Anders ausgedrückt: Rationale Zahlen sind alle Zahlen mit einer endlichen oder periodischen Zahl von Dezimalstellen. $\frac{1}{4}$ ist beispielsweise das Gleiche wie 0,25, eine „endliche" Dezimalzahl. Läge der Preis dagegen bei neun Hühnern für eine Kuh, wobei Bob sechs Hühner hat und wir haben drei, dann würde Bob $\frac{6}{9}$ von der Kuh bekommen, also $\frac{2}{3}$ oder 0,666666…, eine „periodische" Dezimalzahl. Beide Arten von Zahlen sind rational.

Die Zahlenmengen, die wir bisher kennengelernt haben, passen ineinander wie russische Puppen, die nächste aber steht neben ihnen. Zahlen, die sich nicht als Bruch ausdrücken lassen – die also eine nicht endende Zahl nicht periodischer Dezimalstellen haben –, nennt man

„irrationale" Zahlen. Zwei gute Beispiele sind π (Pi) und $\sqrt{2}$; diese Zahlen sind seltsam: Sie sind unendlich lang, ohne sich zu wiederholen oder zu Ende zu gehen.

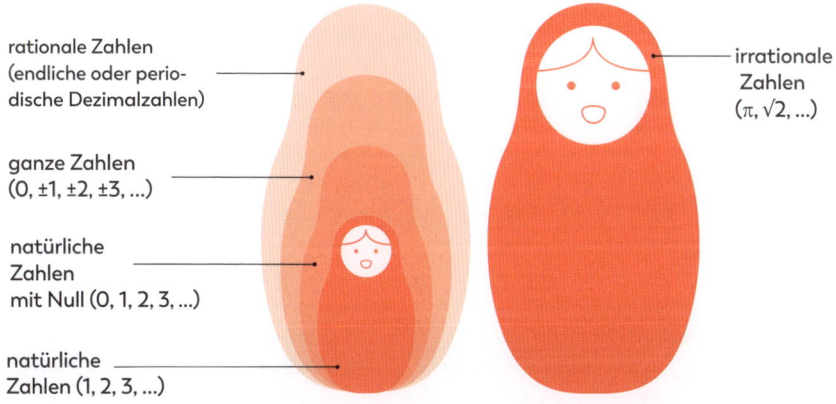

rationale Zahlen (endliche oder periodische Dezimalzahlen)

ganze Zahlen (0, ±1, ±2, ±3, …)

natürliche Zahlen mit Null (0, 1, 2, 3, …)

natürliche Zahlen (1, 2, 3, …)

irrationale Zahlen (π, $\sqrt{2}$, …)

DIE NULL, DER GROßE HELD

Die Null benutzen wir zwar fast täglich, aber über ihre Bedeutung denken wir kaum nach. Die Null ist ein unentbehrlicher Teil unseres Stellenwertsystems. Ohne sie würden 206 und 26 sehr ähnlich aussehen. Heute erscheint uns das vielleicht selbstverständlich, aber die Entwicklung eines Symbols, das nichts darstellt, erforderte einen großen theoretischen Gedankensprung – weder die alten Griechen noch die Römer hatten für die Null ein Zeichen.

Der erste Text, in dem die Null als Zahl behandelt wurde, stammt von dem indi-

schen Mathematiker Brahmagupta (s. S. 78/79). Manchmal wird gesagt, man könne nicht über die Unendlichkeit nachdenken, bevor man sich mit der Null beschäftigt hat. Tatsächlich ist die Beschäftigung mit der Null und dem Unendlichen ein wichtiger Teil der Infinitesimalrechnung. Die Infinitesimalrechnung wird vor allem benutzt, um das unendlich Große und das unendlich Kleine zu untersuchen. Man kann also behaupten, dass die Einführung der Null ein großer Augenblick in der Geschichte der Mathematik war.

Arten von Zahlen: Teil 2

Zahlen gehören zu unterschiedlichen Gruppen, wie wir mit unseren Schachclubs, Sportvereinen oder wohltätigen Organisationen. Wir haben bereits erfahren, wie die Gruppen der Zahlen nach Art russischer Puppen ineinander verschachtelt sind, und wir haben auch die irrationalen Zahlen kennengelernt, die nicht dazugehören; jetzt wollen wir uns ein paar andere Methoden ansehen, um Zahlen zu Gruppen zusammenzufassen.

Primzahlen und zusammengesetzte Zahlen

Die Primzahlen sind eine Teilmenge der natürlichen Zahlen. Eine Primzahl ist eine natürliche Zahl mit exakt zwei natürlichen Zahlen als Divisoren: 1 und ihr selbst. Eine Primzahl ist also eine natürliche Zahl, die sich nur durch 1 und sich selbst ohne Rest teilen lässt. Teilt man eine Primzahl durch irgendeine andere natürliche Zahl, erhält man einen Bruch oder Dezimalstellen. Für Primzahlen gelten mehrere Einschränkungen: Eine negative Zahl kann keine Primzahl sein und die 1 selbst ist ebenfalls keine Primzahl.

Das Gegenteil sind die zusammengesetzten Zahlen: natürliche Zahlen, für die es außer der 1 und ihnen selbst einen weiteren Divisor gibt. Demnach sind zusammengesetzte Zahlen alle natürlichen Zahlen mit Ausnahme der Primzahlen und der 1. Die Zahl 1 ist weder eine Primzahl noch eine zusammengesetzte Zahl. Irgendeinen seltsamen Einzelgänger gibt es immer.

Quadratzahlen

Wenn wir $4^2 = 16$ lesen, sagen wir „Vier zum Quadrat gleich 16". Warum „zum Quadrat"? Nun, die Griechen waren Geometrieexperten. 16 ist eine Quadratzahl, weil man 16 Punkte zu einem Quadrat von vier mal vier anordnen kann. Tatsächlich ist 16 die vierte Quadratzahl oder $n = 4$. Die Formel, mit der man eine Quadratzahl findet, lautet n^2.

Dreieckszahlen

Weniger bekannt ist die Menge der Dreieckszahlen: 1, 3, 6, 10, 15, 21 und so

Die ersten Quadratzahlen (1, 4, 9, 16) als Punkte angeordnet.

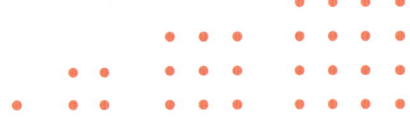

36 als Punkte dargestellt – dies zeigt, dass sie sowohl eine Quadrat- als auch eine Dreieckszahl ist.

ZAHLENGEOMETRIE

Quadrat- und Dreieckszahlen sind nur zwei von vielen geometrischen Zahlenmengen. Die Tabelle zeigt die ersten davon sowie die Formeln, mit denen man sie findet: Man muss n nur durch eine beliebige Zahl ersetzen, dann erhält man die zugehörige geometrische Zahl. Es gibt sogar dreidimensionale geometrische Zahlen; die „Tetraederzahlen" zum Beispiel sind Summen von Dreieckszahlen und bilden eine Pyramide mit dreieckigem Grundriss.

Zahlentyp	Erste Zahlen	Formel
Dreieck	1, 3, 6, 10, 15, …	$\frac{(n)(n+1)}{2}$
Quadrat	1, 4, 9, 16, 25, …	n^2
Fünfeck	1, 5, 12, 22, 35, …	$\frac{(n)(3n-1)}{2}$
Sechseck	1, 6, 15, 28, 45, …	$(n)(2n-1)$
Siebeneck	1, 7, 18, 34, 55, …	$\frac{(n)(5n-3)}{2}$

weiter. Wie die Quadratzahlen, so tragen auch sie ihren Namen, weil man sie in Dreiecken aus Punkten anordnen kann.

Interessant ist dabei, dass manche Zahlen sowohl Quadrat- als auch Dreieckszahlen sind. Eine davon haben wir bereits kennengelernt: die 1. Danach treffen wir erst mit der 36 wieder auf eine Zahl, die sich sowohl in einem Dreieck als auch in einem Quadrat darstellen lässt; die nächste ist die 1225, dann kommt die 41 616 – je größer die Zahlen werden, desto größer werden auch die Lücken zwischen ihnen. Aber die Geometrie der Zahlen ist damit nicht zu Ende; mehr findet sich im Kasten …

Vollkommene Zahlen

Als „vollkommen" bezeichnet man eine Zahl, wenn die Summe ihrer ganzzahligen Divisoren gleich der Zahl ist. Am besten kann man dies an einem Beispiel verdeutlichen: Die 6 ist eine vollkommene Zahl, weil 1, 2 und 3 ihre Divisoren sind. Die Summe dieser drei Zahlen ergibt ebenfalls 6. Vollkommene Zahlen sind recht selten und sehr hübsch. Die nächste vollkommene Zahl ist die 28.

Dann sehen wir bis zur 496 keine vollkommene Zahl mehr und die danach folgende ist die 8128.

Eine kurze Geschichte der Zahl Pi

Pi (π) ist ein Weltstar. Meine Frau schenkte mir einmal ein T-Shirt mit einem π auf der Brust. Wenn ich es trage, sagen manchmal Fremde zu mir: „Cooles Hemd!" Die Menschen lieben π; es verbindet sie über die profane Arithmetik des Alltagslebens hinaus mit der Mathematik. Für viele ist es die erste Begegnung mit der Unendlichkeit. Die folgende kurze Geschichte berichtet über π, seine Anwendung und seine Bedeutung.

Was ist Pi?

Pi, oder π, ist definiert als das Verhältnis zwischen dem Umfang eines Kreises und seinem Durchmesser:

$$\pi = \frac{Umfang}{Durchmesser} = \frac{c}{d}$$

Dies führt häufig zu Verwirrung, weil π gleichzeitig auch als „irrational" bezeichnet wird (s. S. 15), das heißt, man kann es nicht als Bruch ausdrücken. Man muss aber daran denken, dass a und b in einem Bruch $\frac{a}{b}$ ganze Zahlen sind. Bei π ist aber entweder der Durchmesser oder der Umfang irrational. Das ist interessant

und seltsam: Wenn man den Wert des Durchmessers angeben kann, lässt sich der genaue Wert des Umfangs nicht als Dezimalzahl schreiben, und umgekehrt.

Den Gedanken, dass π eine Konstante ist, gibt es schon seit Jahrtausenden. Die Ägypter schätzten sie auf $\frac{25}{8}$ (oder 3,125), in Mesopotamien wies man ihr den Wert $\sqrt{10}$ (oder 3,1622776…) zu.

Als Erster beschäftigte sich Archimedes eingehender mit π. Er zeichnete Vielecke innerhalb und außerhalb eines Kreises und gelangte für π durch Berechnung ihres Umfangs zu einem Schätzwert zwischen $\frac{223}{71}$ und $\frac{22}{7}$ – daher kommt die Zahl $\frac{22}{7}$ als weitverbreiteter Näherungswert für π.

PI IN DER GESCHICHTE

Quelle	Jahr	Schätzung
Papyrus Rhind	ca. 1650 v.u.Z.	3,16045
Archimedes	250 v.u.Z.	3,1418
(Durchschnitt der Begrenzungen)		
Ptolemäus	150 u.Z.	3,14166
Brahmagupta	640 u.Z.	3,1622 (√10)
al-Chwarizmi	800 u.Z.	3,1416
Fibonacci	1220 u.Z.	3,141818

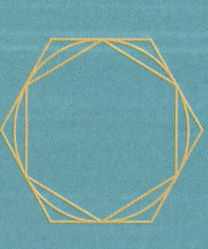

Archimedes' Methode zur Abschätzung von Pi: Er zeichnete regelmäßige Vielecke außerhalb und innerhalb eines Kreises, vermaß sie und bildete den Mittelwert für ihre „Begrenzungen".

Seit Archimedes' Zeit wurde π immer genauer berechnet, manche älteren Schätzungen waren allerdings besser als spätere (siehe Tabelle). Seit es Computer gibt, kennen wir π auf mehrere Millionen Dezimalstellen genau.

Formeln für Pi

Das Symbol π (in seiner heutigen mathematischen Bedeutung) führte William Jones 1706 in seinem Buch *Synopsis Palmariorum Mathesios* ein. Man kann π aber auch als unendliche Zahlenreihe ausdrücken. Der indische Mathematiker und Astronom Madhava stellte im 14. Jahrhundert folgende Reihe auf:

$$\frac{\pi}{4} = 1 - \frac{1}{3} + \frac{1}{5} - \frac{1}{7} + \frac{1}{9} \cdots$$

Mit ihrer Hilfe kann man π abschätzen, aber das dauert lange. Im 18. Jahrhundert benutzte der Schweizer Mathematiker Leonhard Euler (s. S. 140/141) die Reihe

$$\frac{\pi^2}{6} = 1 + \frac{1}{2^2} + \frac{1}{3^2} + \frac{1}{4^2} \cdots$$

Eine andere interessante Reihe veröffentlichte John Wallis (siehe Kasten) im Jahr 1656. Sie beginnt mit

$$\frac{\pi}{2} = \frac{2}{1} \cdot \frac{2}{3} \cdot \frac{4}{3} \cdot \frac{4}{5} \cdot \frac{6}{5} \cdots$$

Auch ohne dass man die mathematischen Einzelheiten kennt, zeigen diese Reihen einige schöne Eigenschaften von π; vielleicht sind sie der Grund für den anhaltenden Reiz dieser Zahl. Zudem sind die Auswirkungen von π im Alltag überall zu spüren, vom Tacho und Kilometerzähler im Auto bis zum Volumen von Konservendosen.

JOHN WALLIS

John Wallis, dessen Zahlenreihe hier wiedergegeben ist, wurde 1616 im englischen Ashford als drittes von fünf Kindern geboren. Im Jahr 1631 machte sein Bruder ihn mit der Arithmetik bekannt; 1632 trat er in das Emmanuel College in Cambridge ein, wo er 1640 sein BA- und Master-Examen machte. Während des englischen Bürgerkrieges (1642–1651) entschlüsselte er mit seinen Fähigkeiten im Auftrag der Parlamentarier die Nachrichten der Royalisten – mit der Kryptografie werden wir uns im letzten Kapitel näher beschäftigen.

Rangordnung der Operationen

Stellen wir uns vor, die Menschen würden sich nicht an die Straßenverkehrsordnung halten: Ohne Regeln würden manche Leute rechts fahren, manche würden links fahren, manche würden bei Rot halten, andere bei Grün – völlige Anarchie.

Genauso ist es auch in der Mathematik. Bevor wir also bei unseren Gleichungen stecken bleiben, müssen wir die Grundregeln festlegen. Ohne sie würden verschiedene Menschen unterschiedliche Antworten auf die gleiche Frage geben. Nehmen wir beispielsweise an, Sid und Nancy wollten $3 + 4 \cdot 5$ ausrechnen.

Sid geht die Dinge gerne direkt an, also addiert er 3 und 4, was 7 ergibt, und multipliziert diese Zahl dann mit 5; das Ergebnis: 35. Nancy macht es anders: 4 mal 5 ist 20, und diese addiert sie zu den 3 – macht 23. Sie gelangen zu unterschiedlichen Antworten und ein Streit ist die Folge.

Wer hat recht? In diesem Fall Nancy: In der Mathematik müssen Operationen immer in einer bestimmten Reihenfolge ausgeführt werden. Diese Reihenfolge kann man sich mit der Eselsbrücke KEDMAS merken. Sie lautet:

Klammern

Exponenten

Division und **M**ultiplikation

Addition und **S**ubtraktion

Man beginnt mit dem, was in Klammern steht, dann folgen die Exponenten. Multiplikation und Division werden gleichzeitig ausgeführt, wobei man von links nach rechts vorgeht. Dann folgen Addition und Subtraktion – auch sie werden gleichzeitig und von links nach rechts ausgeführt. Höhere Funktionen wie Logarithmen und trigonometrische Funktionen finden auf der Ebene der Exponenten statt.

Wenn man sich überlegt, was für Operationen ausgeführt werden, ist eine solche Rangfolge sinnvoll. Die fundamentalste Operation, die wir auch als erste erlernen, ist die Addition. Multiplikation ist eigentlich nur eine Folge von Additionen; 5 mal 2 heißt nichts anderes, als dass die 2 fünfmal zu sich selbst addiert wird:

$$5 \cdot 2 = 2 + 2 + 2 + 2$$

Ein Exponent stellt aufeinanderfolgende Multiplikation dar, zum Beispiel:

$$2^5 = 2 \cdot 2 \cdot 2 \cdot 2 \cdot 2$$

Wie man also leicht erkennt, ist der Weg durch die Rangordnung auch ein Weg in Richtung immer einfacherer Operationen.

Geschachtelte Klammern

Klammern innerhalb von Klammern verursachen manchmal Probleme, wenn man die Rangordnung befolgen will. Ein Beispiel:

$$9 + 3(8 - 2(6 - 5))$$

Um dies zu vereinfachen, gehen wir von innen nach außen vor. Zuerst subtrahieren wir $(6 - 5)$ und erhalten 1. Nun lautet der Ausdruck:

$$9 + 3(8 - 2(1))$$

Und $2(1)$ ist einfach 2; damit sind wir bei:

$$9 + 3(8 - 2)$$

Als Nächstes berechnen wir die letzten Klammern und erhalten 6, sodass der Ausdruck nun lautet:

$$9 + 3(6)$$

Daraus wird $9 + 18$, und das ist 27.

Gruppierungen

Ein weiteres Problem sind die Gruppierungen; sie werden oft nicht ausdrücklich gekennzeichnet und können Verwirrung hervorrufen. So ist beispielsweise $x \cdot x - 3$ nicht das Gleiche wie $x \cdot (x - 3)$. Der erste Ausdruck ist eigentlich $x^2 - 3$, der zweite dagegen ist $x^2 - 3x$. Angenommen, jemand schreibt $1/2x$: Ist dann „die Hälfte von x" gemeint oder aber „1, dividiert durch $2x$"? Wenn x den Wert 10 hat, wäre das Ergebnis im ersten Fall 5, im zweiten 0,05 – ein großer Unterschied. Hier hilft die Gruppierung: Wenn man „die Hälfte von x" meint, könnte man auch $(\frac{1}{2})x$ schreiben und so Verwirrung vermeiden. (Um Zweideutigkeiten aus dem Weg zu gehen, verwenden wir hier durchgehend den waagerechten Bruchstrich.)

Und schließlich gibt es eine weitere Regel: Alles, was über oder unter einem horizontalen Bruchstrich steht, wird behandelt, als stünde es in Klammern. Den Ausdruck $\frac{x+1}{x-3}$ könnte man zur Verdeutlichung auch schreiben als $\frac{(x+1)}{(x-3)}$.

In der Mathematik gibt es viele weitere Operationen, beispielsweise die Fakultäten (s. S. 124/125).

**Mehr Informationen
zu Fakultäten auf
S. 124/125**

Wie man die Rangordnung benutzt

DIE AUFGABE:

Bachman und Turner nehmen an einem Wettbewerb teil, bei dem es ein neues Getriebe für den Camaro Baujahr 1969 zu gewinnen gibt. Ihre Namen werden gezogen – sie haben gewonnen! Die Sache hat nur einen Haken: Bevor sie den Preis in Empfang nehmen können, müssen sie zwei komplizierte Rechenaufgaben lösen, und zwar folgende:

a) $3 \cdot 6(5 - 2^2)$

b) $5[(3^4 - 6 \cdot 7) \div 13 - 8] - 4 \cdot 9$

DIE METHODE:

Man kann einfach am Anfang beginnen und sich bis zum Ende vorarbeiten, wobei man die einzelnen Teile der Reihe nach löst; damit gelangt man aber nicht zur richtigen Lösung. Turner und Bachman sind schlauer. Sie wenden KEDMAS an.

DIE LÖSUNG:

Turner übernimmt die erste Aufgabe. Nach der Rangordnung muss er zuerst den Ausdruck in der Klammer lösen. Dort stehen zwei Operationen: eine Subtraktion und ein Exponent. Da der Exponent den höheren Rang hat, wird er zuerst

berechnet: $2^2 = 4$; damit sind wir bei $3 \cdot 6(5 - 4)$.

Als Nächstes führen wir die Subtraktion in der Klammer aus: $5 - 4 = 1$; wir erhalten $3 \cdot 6(1)$.

Jetzt sind als einzige Operationen noch Multiplikationen übrig. Obwohl kein Multiplikationszeichen vorhanden ist, stellt auch $6(1)$ eine Multiplikation dar. Wir führen die Operation also von links nach rechts aus und erhalten 18.

Bachman beschäftigt sich mit der zweiten Aufgabe. Sie ist komplizierter als die erste und enthält auch geschachtelte

Klammern. Um sie zu lösen, berechnen wir die Klammern von innen nach außen.

Zuerst nehmen wir uns die runden Klammern vor: $(3^4 - 6 \cdot 7)$. Die Operation mit dem höchsten Rang ist der Exponent, er wird also als Erstes berechnet. $3^4 = 81$; wir erhalten $(81 - 6 \cdot 7)$.

Als Nächstes führen wir die Multiplikation aus: $6 \cdot 7 = 42$; damit erhalten wir $(81 - 42)$. Nun folgt die Subtraktion $(81 - 42)$, und dies ergibt (39).

Damit ist der Ausdruck in den runden Klammern gelöst; wenn wir das Ergebnis in den größeren Ausdruck einfügen, erhalten wir

$$5[(39) \div 13 - 8] - 4 \cdot 9$$

Jetzt berechnen wir den Ausdruck in den eckigen Klammern, wobei wir zuerst die Division vornehmen: $39 : 13 = 3$; wir erhalten

$$5[3 - 8] - 4 \cdot 9$$

Wir führen die Subtraktion in den Klammern durch: $3 - 8 = -5$. Damit haben wir

$$5(-5) - 4 \cdot 9$$

Durch Ausführung der Multiplikation von links nach rechts gelangen wir zu

$$-25 - 36$$

Als Letztes subtrahieren wir und erhalten die Lösung: -61.

Bachman und Turner haben also ihr Getriebe gewonnen, weil sie KEDMAS beachtet haben.

Ausdrücke, Gleichungen und Ungleichungen

Bevor wir Gleichungen und Ungleichungen genauer betrachten, müssen wir uns über die Terminologie klar werden. Ein mathematischer Ausdruck ist eine Sammlung von Zahlen und Variablen, die sich in manchen Fällen vereinfachen lässt – in ihm gibt es weder ein Gleichheits- noch ein Ungleichheitszeichen. Eine Gleichung enthält immer ein Gleichheitszeichen, in einer Ungleichung steht an dessen Stelle ein Ungleichheitszeichen.

Ein Ausdruck ist beispielsweise

$$\frac{(3x-4)+5}{5x}$$

Eine Gleichung dagegen ist beispielsweise:

$$3x - 5 = 13$$

Und ein Beispiel für eine Ungleichung lautet:

$$3(x + 2) \leq 2x + 5$$

In Ungleichungen bedeutet > „größer als", $\geq$ heißt „größer als oder gleich", < steht für „kleiner als" und $\leq$ für „kleiner als oder gleich". Ungleichungen sind auf den ersten Blick etwas Seltsames, aber im Alltag begegnen sie uns oft, beispielsweise im Zusammenhang mit Maxima oder Minima.

Ungleichungen auf der Zahlengeraden

Da es für Ungleichungen eine unendliche Zahl von Lösungen gibt, stellt man sie oft auf einer Zahlengeraden dar. Wollen wir zum Beispiel $x \leq 3$ auf der Zahlengeraden eintragen, wäre dort ein Punkt bei der 3, und links davon wäre die Zahlengerade schattiert (s. Abbildung u.). Damit sind alle Werte dargestellt, mit denen die Ungleichung wahr ist. Ein ausgefüllter Punkt zeigt an, dass die Zahl selbst ein Teil der Lösung ist, das heißt, wenn wir die Zeichen $\leq$ oder $\geq$ verwendet haben; ein hohler Punkt bedeutet, dass die Zahl nicht zur Lösung gehört, dass in der Ungleichung also < oder > steht.
$3x - 5$ ist beispielsweise ein Ausdruck, und zwar einer, mit dem wir eigentlich nicht viel anfangen können. Fügen wir nun aber ein Gleichheitszeichen ein, auf dessen anderer Seite ebenfalls etwas steht, wird daraus eine Gleichung. Um das Beispiel von eben noch einmal aufzugreifen: $3x - 5 = 13$ ist eine Gleichung und wir

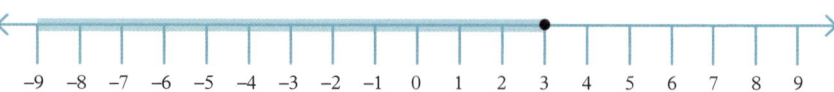

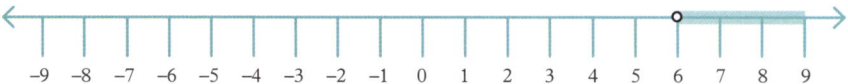

können darangehen, die Lösung zu finden: Sie lautet $x = 6$. Dagegen ist $3x - 5 > 13$ eine Ungleichung, die man ebenfalls lösen kann: Hier lautet die Lösung $x > 6$.

Die Gleichung liefert also eine eindeutige Lösung: x ist 6 und sonst nichts. Bei der Ungleichung dagegen erhält man einen Bereich von Lösungen: x könnte hier 7, 6,000001 oder jede andere Zahl sein, die größer als 6 ist. Zu einer Ungleichung gibt es eine unendlich große Zahl von Lösungen; vergleiche die Zahlengerade, die rechts von der 6 schattiert ist (s. Abbildung oben). Die 6 ist durch einen hohlen Kreis markiert, das heißt, sie gehört selbst nicht zur Lösung.

Richtungswechsel

Angenommen, Sam und Dave schließen einen Pakt mit dem Teufel: Sie werden berühmt, aber dafür muss einer von beiden seine Seele opfern. Der Teufel stellt ihnen eine Aufgabe, wer sie löst, hat seine Seele gerettet. Die Aufgabe lautet: Löse $-3x > 15$.

Sowohl Sam als auch Dave lösen sie, aber auf unterschiedlichen Wegen. Sam dividiert beide Seiten durch 3 und erhält $x > -5$. Dave dagegen holt die $-3x$ nach rechts und die 15 nach links, sodass sich $-15 > 3x$ ergibt. Dann dividiert er durch 3 und erhält $-5 > x$. Sam hat also alle Zahlen, die größer sind als 5, Dave hat alle, die kleiner sind als -5.

Wer hat recht? Um das herauszufinden, können wir in die ursprüngliche Ungleichung ein paar Zahlen einsetzen. Wenn Sam recht hat, sollte -4 funktionieren; das klappt aber nicht, denn wir bekommen $12 > 15$. Bei Dave sollte -6 funktionieren; setzen wir diese Zahl ein, erhalten wir $18 > 15$, was stimmt. Dave gewinnt also.

Dieses Beispiel macht im Zusammenhang mit Ungleichungen eine wichtige Regel deutlich, die häufig vergessen wird: Wenn man mit einer negativen Zahl multipliziert oder durch sie dividiert, kehrt sich das Ungleichheitszeichen um.

GIB UNS EIN ZEICHEN

Heute sind viele mathematische Symbole und Schreibweisen standardisiert, viele aber auch nicht. Früher gab es noch weniger Standards. Das Gleichheitszeichen = wurde 1557 von dem walisischen Arzt und Mathematiker Robert Recorde eingeführt. Die Symbole > und < wurden erstmals 1631, zehn Jahre nach dem Tod des Autors, in einem Buch des englischen Mathematikers Thomas Harriot verwendet und deshalb dem Herausgeber zugeschrieben. Interessanterweise war Harriot auch an der berühmten Verschwörung zur Sprengung des englischen Parlaments beteiligt: „Remember, remember the fifth of November..." Über 100 Jahre später, nämlich 1734, führte der französische Mathematiker Pierre Bouguer dann die Zeichen ≥ und ≤ ein.

Übung 2

Gleichungen lösen: die Grundlagen

DIE AUFGABEN:

Frischen wir einmal die Grundlagen auf und lösen wir folgende Gleichungen nach x auf:

a) $x + 3 = 5$

b) $2x = 8$

c) $3x - 5 = 7$

d) $\frac{2}{3}x = 8$

e) $\frac{2}{3}(x - 6) = 8$

f) $\frac{2}{3}(x - 6) = 8(x + 3)$

DIE METHODE:

Um die Gleichungen zu lösen, isolieren wir x mit entgegengesetzten Operationen. Ganz allgemein wendet man dabei oft die gleiche Methode an, aber wenn die Gleichungen komplizierter werden, unterscheiden sich die Lösungswege. Ich benutze hier ein Verfahren, das mir gute Dienste geleistet hat; es gibt aber auch andere.

DIE LÖSUNGEN:

a) In dieser Aufgabe wird 3 zu x addiert; deshalb subtrahieren wir auf beiden Seiten 3 (wir nehmen also die umgekehrte Operation vor):

$$x + 3 = 5$$
$$x + 3 - 3 = 5 - 3$$
$$x = 2$$

b) Hier wird 2 mit x multipliziert; wir dividieren also beide Seiten durch 2:

$$2x = 8$$
$$2x \div 2 = 8 \div 2$$
$$x = 4$$

c) Diese Aufgabe ist komplizierter; x wird mit 3 multipliziert, und 5 wird subtrahiert:

$$3x - 5 = 7$$

Im Allgemeinen entfernen wir zuerst die Ausdrücke, die am weitesten von der Variablen entfernt sind; wir addieren also auf beiden Seiten 5 und erhalten

$$3x - 5 + 5 = 7 + 5 \text{ oder}$$
$$3x = 12$$

x wird hier mit 3 multipliziert, also dividieren wir beide Seiten durch 3:

$$3x \div 3 = 12 \div 3 \text{ oder } x = 4$$

d) Den Bruch vor dem x kann man als zusammengesetzte Operation betrachten. x wird mit 2 multipliziert und durch 3 dividiert.

$$\tfrac{2}{3}x = 8$$

Um das „: 3" zu entfernen, multiplizieren wir mit 3:

$$\tfrac{2}{3}x \bullet 3 = 8 \bullet 3 \text{ oder}$$
$$2x = 8 \bullet 3 \text{ oder}$$
$$2x = 24$$

Zum Entfernen des „• 2" dividieren wir mit 2:

$$2x \div 2 = 24 \div 2 \text{ oder } x = 12$$

e) Diese Gleichung enthält Klammern. Ich möchte die Klammern möglichst früh loswerden, also multipliziere ich sowohl x als auch -6 durch $\tfrac{2}{3}$:

$$\tfrac{2}{3}(x - 6) = 8$$

$$\tfrac{2}{3}x - 4 = 8$$

Um die „– 4" zu beseitigen, addieren wir auf beiden Seiten 4:

$$\tfrac{2}{3}x - 4 + 4 = 8 + 4 \text{ oder } \tfrac{2}{3}x = 12$$

Daraus erhalten wir

$$x = 18$$

f) Hier stehen auf beiden Seiten Variablen und die gefürchteten Klammern. Zuerst multiplizieren wir, um die Klammern loszuwerden:

$$\tfrac{2}{3}(x - 6) = 8(x + 3)$$

$$\tfrac{2}{3}x - 4 = 8x + 24$$

Auch hier möchte ich schnell die Brüche loswerden. Ich selbst habe zwar nichts gegen Brüche, viele meiner Schüler aber schon. Also sage ich ihnen: Wenn ihr das Zeichen = habt, habt ihr Macht. Man kann tun, was man will, solange man es auf beiden Seiten der Gleichung tut. Hier multipliziere ich alles mit 3:

$$\tfrac{2}{3}x \bullet 3 - 4 \bullet 3 = 8x \bullet 3 + 24 \bullet 3 \text{ oder}$$

$$2x - 12 = 24x + 72$$

Nun bringen wir x auf eine Seite, indem wir auf beiden Seiten $2x$ subtrahieren:

$$2x - 2x - 12 = 24x - 2x + 72 \text{ oder}$$
$$-12 = 22x + 72$$

Jetzt subtrahieren wir 72 und lösen damit nach $22x$ auf:

$$-12 - 72 = 22x + 72 - 72 \text{ oder}$$
$$-84 = 22x$$

Wir dividieren durch 22 und lösen damit nach x auf:

$$-84 \div 22 = 22x \div 22 \text{ oder } \tfrac{-84}{22} = x$$

Dies lässt sich vereinfachen zu

$$\tfrac{-42}{11} = x$$

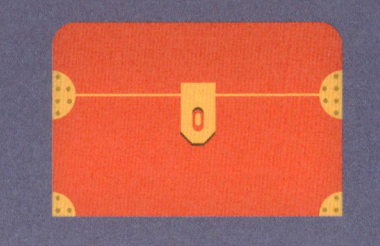

Übung 3

Gleichungen in der richtigen Reihenfolge lösen

DIE AUFGABE:

Für viele Zwecke braucht man eine Quadratwurzel. Unfallsachverständige ermitteln beispielsweise mit einer Quadratwurzelgleichung aus der Länge der Bremsspur die Geschwindigkeit eines Fahrzeugs. Hier wollen wir eine einfachere Gleichung betrachten, um uns mit der richtigen Reihenfolge für die Lösung von Gleichungen vertraut zu machen: Ermitteln Sie den Wert von x in der Gleichung $4 = 3 \cdot \sqrt{x} + 7 - 5$

DIE METHODE:

Wenn wir eine Gleichung lösen wollen, könnten wir einfach raten und ausprobieren, ob die Lösung passt. Aber je nachdem, wie viel Glück wir haben, kann das einige Zeit dauern. Eine deutlich bessere Methode ist die Anwendung der Algebra.

Stellen wir uns vor, wir wollten etwas aus einer verschlossenen Kiste auf unserem Dachboden holen. Vor der Kiste

liegt eine Menge Gerümpel, das wir eigentlich schon seit Langem wegwerfen wollten. Dahinter, auf der Kiste, liegt ein alter Lumpen. Und in der Kiste schließlich befindet sich noch mehr Gerümpel, das wir ausräumen müssen, um das Gesuchte zu finden. Um an die Kiste zu gelangen, müssen wir als Erstes den Kram beseitigen, der davorsteht. Danach nehmen wir den Lumpen weg und öffnen die Kiste. Schließlich wühlen wir in dem Kram in der Kiste und finden den gewünschten Gegenstand. Ganz ähnlich ist auch die oben gestellte Algebra-Aufgabe. Wir beseitigen Hindernisse, indem wir auf beiden Seiten der Gleichung jeweils eine Operation nach der anderen vornehmen, bis schließlich nur noch die Variable – in diesem Fall x – übrig ist.

DIE LÖSUNG:

$$4 = 3 \cdot \sqrt{x} + 7 - 5$$

Wir müssen nach x auflösen, also beseitigen wir zunächst das „– 5“; dazu addieren wir auf beiden Seiten 5. Es ist so, als würden wir das Gerümpel vor der Kiste wegräumen:

$$9 = 3 \cdot \sqrt{x} + 7$$

Jetzt beseitigen wir die 3, indem wir beide Seiten durch 3 dividieren. Dies entspricht dem Entfernen des Lumpens auf der Kiste:

$$3 = \sqrt{x} + 7$$

Als Nächstes beseitigen wir die Quadratwurzel, indem wir beide Seiten ins Quadrat setzen – wir öffnen gewissermaßen die Kiste:

$$9 = x + 7$$

Zuletzt beseitigen wir die „+ 7“, indem wir auf beiden Seiten 7 subtrahieren. Das entspricht dem Ausräumen des Gerümpels aus der Kiste. Wir erhalten

$$2 = x$$

Fertig. Wir haben den Wert der Variablen x gefunden.

GEGENSÄTZE ZIEHEN SICH AN

In der Mathematik geht es häufig um entgegengesetzte Operationen. Sogar auf dem Taschenrechner sind entgegengesetzte Operationen paarweise angeordnet: Die Tasten für Addition und Subtraktion liegen unmittelbar nebeneinander, ebenso die für Multiplikation und Division. In anderen Fällen ist die umgekehrte Operation als „Zweitfunktion" zugänglich. Die Taste, die eine Zahl ins Quadrat erhebt, ist oftmals nach Betätigen der Zweitfunktionstaste auch für die Quadratwurzel zuständig. Führt man eine Operation aus und direkt danach die umgekehrte Operation, gelangt man wieder zu der ursprünglichen Zahl.

Übung 4

Zerlegen ganzer Zahlen

DIE AUFGABE:

John hat 504 Pflasterplatten für seine Terrasse. Die Steine hat er günstig bekommen: Sie waren ein Auslaufmodell, das es nicht mehr nachzukaufen gibt. Jede Platte misst einen mal einen Meter. John möchte alle Platten für seine Terrasse verwenden. Welche Abmessungen kann die Terrasse haben?

DIE METHODE:

Da John sämtliche Platten verlegen möchte, sind die möglichen Maße der Terrasse stets Zahlenpaare, deren Multiplikation 504 ergibt. *Länge • Breite = Fläche*. Anfangs ist es einfach, solche Zahlenpaare zu finden: Sofort fallen einem $1 • 504$ und $2 • 252$ ein, aber möglicherweise übersieht man auf diese Weise ein Paar, und ich nehme an, John möchte als Terrasse keinen schmalen Streifen. Ein systematischer Ansatz besteht darin, die Zahl zunächst in ihre Primfaktoren zu zerlegen. Dafür kann man entweder einen Faktorenbaum oder die Division von unten nach oben verwenden. Anschließend haben wir die Primzahlenzerlegung:

$$504 = 2 • 2 • 2 • 3 • 3 • 7 \text{ oder}$$
$$504 = 2^3 • 3^2 • 7$$

Damit können wir die Primfaktoren von 504 ermitteln. Stellen wir uns einmal vor, wir würden uns an einem Eisstand befinden. Zur Auswahl stehen vier Geschmacksrichtungen, dreierlei Waffeln und zwei Soßen. Wie viele Kombinationen aus Eis, Waffeln und Soße sind möglich, wenn wir nur eine Kugel nehmen – wir wollen ja nicht zu gierig sein? Nun, die Antwort lautet:

$$4 • 3 • 2 = 24$$

Das Gleiche gilt für die Faktoren von 504. Wir haben vier Alternativen für die Zahl der Zweien (null, eine, zwei oder drei) im Faktor, drei für die Zahl der Dreien und zwei für die Zahl der Siebenen. Nimmt man noch 1 und 504 hinzu, ergeben sich insgesamt 24 Faktoren.

Zur Klarstellung: 18 ist ein Faktor von 504: Die Zahl enthält aus den Primfaktoren zweimal die 3 und einmal die 2 (3 • 3 • 2 = 18). Die zweite Zahl im Zahlenpaar – mit der man 18 multiplizieren muss, um 504 zu erhalten – besteht aus den restlichen Primfaktoren und ergibt sich demnach aus 2 • 2 • 7, was 28 ergibt. Wir haben also:

$$18 • 28 = 504$$

Die Faktoren lauten in der Reihenfolge: 1, 2, 3, 4, 6, 7, 8, 9, 12, 14, 18, 21, 24, 28, 36, 42, 56, 63, 72, 84, 126, 168, 252, 504.

Als Nächstes müssen wir sie paarweise zusammenstellen, damit sich jeweils 504 ergibt. Das hört sich schwierig an, ist aber in Wirklichkeit kein Problem. Wenn wir die Zahlen in der Reihenfolge aufgeschrieben haben, müssen wir nur jeweils eine vom vorderen und vom hinteren Ende der Liste kombinieren und dies so lange wiederholen, bis wir bei dem Paar in der Mitte angelangt sind.

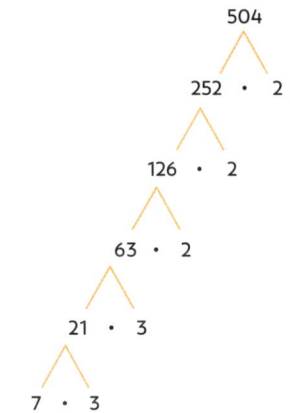

Auf S. 16 war von Primzahlen und zusammengesetzten Zahlen die Rede. Ein Faktorenbaum findet alle Primzahlen, aus denen eine zusammengesetzte Zahl besteht. Um die Primfaktoren zu finden, beginnt man mit der kleinsten Primzahl (2) und teilt die untersuchte Zahl durch sie. Man teilt so lange weiter durch 2, bis das Ergebnis keine ganze Zahl mehr ist. Dann teilt man durch 3, 7 und so weiter, bis nur noch Primzahlen übrig sind.

DIE LÖSUNG:

Die Zahlenpaare lauten:

1 • 504	6 • 84	12 • 42
2 • 252	7 • 72	14 • 36
3 • 168	8 • 63	18 • 28
4 • 126	9 • 56	21 • 24

John hat also – entsprechend den zwölf genannten Zahlenpaaren – zwölf Möglichkeiten für die Abmessungen seiner Terrasse.

Multiplikation von Polynomen

Polynome sind wichtig, weil man mit ihnen reale Fragestellungen abbilden kann. Polynome ersten Grades (lineare Funktionen) werden beispielsweise im Geschäftsleben bei Optimierungsaufgaben eingesetzt (s. S. 120/121), solche zweiten Grades (quadratische Funktionen) dienen unter anderem zur Abbildung von Problemen, in denen die Schwerkraft eine Rolle spielt. Mit Polynomen höherer Ordnung erstellt man häufig Modelle komplexer Systeme, beispielsweise solcher der Wirtschaft.

Was ist ein Polynom?

Machen wir uns zunächst einmal mit ein paar Begriffen vertraut: Ein Polynom ist eine Ansammlung von Gliedern oder Termen. Als Term bezeichnet man eine Gruppe von Variablen, die zur Potenz erhoben und mit einem Koeffizienten multipliziert werden. $3x^2$ ist beispielsweise ein Term: 3 ist der Koeffizient, x ist die Variable, und ^{2} ist der Exponent. Ein anderer Term ist $5xy^3$: Hier ist 5 der Koeffizient, x und y sind die Variablen, ^{1} und ^{3} sind die Exponenten; das x trägt zwar keinen Exponenten, man geht dann aber davon aus, dass der Exponent ^{1} ist.

Die Terme, die zu einem Polynom gehören können, unterliegen aber einer Beschränkung: Bei den Exponenten muss es sich um ganze Zahlen handeln. Die Menge der ganzen Zahlen (0, 1, 2, 3, …) umfasst keine Brüche sowie weder negative noch irrationale Zahlen.

Benennung von Polynomen

Polynome sind durch die Zahl der in ihnen enthaltenen Terme definiert: Ein Polynom aus einem Term heißt Monom, ein solches mit zwei Termen Binom, eines mit drei Termen Trinom. Ist die Zahl größer, spricht man einfach von Polynomen (griech. *poly* = viele).

Der „Grad" des Polynoms entspricht dem Term mit der höchsten Summe der Exponenten. Der Ausdruck $3x^2 - 4 + 5$ ist beispielsweise ein Trinom zweiten Grades, weil der höchste Exponent 2 lautet. Entsprechend ist $3x^2y^2 - 4xy + 5$ ein Trinom vierten Grades: Es enthält drei Terme (deshalb Trinom), und der erste Term enthält zwei Quadrate, die Summe der Exponenten ist also 4 (vierten Grades).

Polynome sind in der Algebra von großer Bedeutung. Zunächst einmal sind Polynome nullten Grades einfach Zahlen – und ohne Zahlen würden wir wahrhaftig nicht weit kommen. Polynome ersten Grades, auch lineare Funktionen genannt, dienen schon seit Jahrhunderten zur Lösung von Problemen (die Gleichungen auf S. 28/29 waren linear). Polynome zweiten Grades (quadratische Funktionen) wurden in der Antike von babylonischen, griechischen, indischen und arabischen Mathematikern untersucht und werden in vielen Bereichen von Natur- und Wirtschaftswissenschaft, Technik und Mathematik verwendet. Die Babylonier lösten Multiplikationsaufgaben mit Quadrattafeln. Dazu nutzten sie die Formel

$$ab = \frac{(a+b)^2 - (a-b)^2}{4}$$

Mit ihrer Hilfe konnten sie Summen und Differenzen in der Tabelle nachschlagen und durch 4 dividieren. Ein Beispiel: 12 • 8 ist

$$\frac{20^2 - 4^2}{4}$$

In diesem Fall werden 20^2 und 4^2 in der Tabelle nachgeschlagen und in die Gleichung eingesetzt. Man erhält

$$\frac{400 - 16}{4}$$

Dies lässt sich vereinfachen zu

$$\frac{384}{4}$$

Daraus ergibt sich 96.

Eine kurze Geschichte der Polynome

Polynome werden schon seit vielen Jahren untersucht. Wie bereits erwähnt, lässt sich die Lösung quadratischer Funktionen (Polynome zweiten Grades) bis zu den alten Babyloniern zurückverfolgen.

Der altgriechische Mathematiker Euklid (s. S. 54/55) löste quadratische Gleichungen um 300 v. u. Z. mit einem rein geometrischen Verfahren; erst fast 1000 Jahre später ging der indische Mathematiker Brahmagupta (s. S. 78/79) die Lösung quadratischer Funktionen mit einer fast schon modernen Methode an.

NIELS ABEL

Niels Henrik Abel wurde 1802 in Norwegen geboren und verbrachte einen Großteil seines Lebens in Armut. Er hatte aber das Glück, dass sein Mathematiklehrer die Begabung des jungen Mannes erkannte und ihn während seiner Oberschulzeit förderte. 1822 machte er sein Universitätsexamen und nur zwei Jahre später veröffentlichte er seine bekannteste Arbeit: Er bewies, dass es für Polynome fünften Grades keine allgemeine Lösung gibt. In Anerkennung seiner Leistungen vergibt die norwegische Regierung jedes Jahr den Abel-Preis, eine Art Nobelpreis für Mathematik (einen Nobelpreis für das Fachgebiet gibt es nicht).

Im Italien des 16. Jahrhunderts waren kubische und quartische Funktionen (Polynome dritten und vierten Grades) der Gegenstand einiger mathematischer Höchstleistungen. Im Jahr 1824 schließlich bewies Niels Abel (s. u.), dass es für Polynome fünften Grades keine allgemeine Lösung gibt.

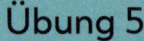

Übung 5

Multiplikation von Polynomen

DIE AUFGABEN:

a) Multipliziere das Monom mit dem Binom: $2x(3x - 4)$

b) Multipliziere die beiden Binome: $(2x - 3)(4x + 5)$

c) Multipliziere die beiden Trinome: $(x^2 - 3x + 4)(x^2 + 2x + 1)$

DIE METHODE:

Bei der Multiplikation von Polynomen müssen wir darauf achten, dass alle Terme des einen Polynoms mit allen Termen des anderen multipliziert werden. In Aufgabe a) wird ein Monom (das aus einem einzigen Term besteht) mit einem Binom (aus zwei Termen) multipliziert.

Das ist, als würde eine Einzelperson sich einem Paar vorstellen – sie würde beiden die Hand geben. Deshalb finden hier zwei Multiplikationen statt. Zwei Binome wie in Aufgabe b) gleichen zwei Paaren. Die erste Person des ersten Paares schüttelt beiden Partnern des anderen die Hände, also haben wir zwei Multiplikationen. Dann gibt die zweite Person des ersten Paares den beiden anderen die Hand, was nochmals zwei Multiplikationen ergibt. Insgesamt wird also viermal eine Hand geschüttelt oder eine Multiplikation ausgeführt. Die beiden Trinome – wie in Aufgabe

c) – sind wie zwei Paare, die jeweils ein Kind haben. Wenn alle sich gegenseitig die Hände geschüttelt haben, waren es neun Handschläge oder Multiplikationen.

a) In dieser Aufgabe multipliziert man einfach beide Terme des Binoms mit dem einen Term des Monoms:

$$2x(3x - 4) = 6x^2 - 8x$$

b) Hier müssen wir sicherstellen, dass alle vier erforderlichen Multiplikationen vollzogen werden:

$$(2x - 3)(4x + 5) = 8x^2 + 10x - 12x - 15$$

Nun sammeln wir die „gleichnamigen Glieder" (s. Kasten) $10x$ und $-12x$:

$$= 8x^2 - 2x - 15$$

Mehr über das binomische Theorem auf
S. 136/137

c) Hier benutzen wir die „Pferdchen-Methode": klipp, klipp, klipp, klapp, klapp, klapp, plop, plop, plop. Das Aufräumen mit der Pferdchenmethode sieht so aus:

$$(x^2 - 3x + 4)(x^2 + 2x + 1) = x^4 + 2x^3 + 1x^2 - 3x^3 - 6x^2 - 3x + 4x^2 + 8x + 4$$

Bei klipp, klipp, klipp wird das erste Glied des ersten Trinoms beseitigt, indem es mit allen drei Gliedern des zweiten Trinoms multipliziert wird. Bei klapp, klapp, klapp und plop, plop, plop tun wir das Gleiche mit dem zweiten und dritten Glied.

Jetzt fassen wir die gleichnamigen Glieder zusammen: $-3x$ und $8x$; $1x^2$, $-6x^2$ und $4x^2$; und $2x^3$ und $-3x^3$ (gleichnamige Glieder zu x^4 oder 4 gibt es nicht). Wir erhalten:

$$x^4 - x^3 - x^2 + 5x + 4$$

DIE LÖSUNGEN:

a) $\quad 2x(3x - 4) = 6x^2 - 8x$

b) $\quad (2x - 3)(4x + 5) = 8x^2 - 2x - 15$

c) $\quad (x^2 - 3x + 4)(x^2 + 2x + 1)$
$\quad = x^4 - x^3 - x^2 + 5x + 4$

GLEICHNAMIGE GLIEDER

Grundsätzlich haben gleichnamige Glieder die gleiche Art und Anzahl von Variablen. So sind $6x^2$ und $8x^2$ gleichnamige Glieder, weil beide zwei x-Variablen enthalten.

$6x^2$ und $8x$ sind dagegen nicht gleichnamig. Beide enthalten zwar x-Variablen, aber in dem ersten Term sind es zwei, im zweiten nur eine.

$6y^2$ und $8x^2$ sind zwar Quadrate, aber wegen der unterschiedlichen Variablen x und y sind auch sie keine gleichnamigen Glieder.

Und $6xy^2$ und $8x^2y$ schließlich enthalten zwar die gleichen Variablen, aber die Variablen kommen nicht in der gleichen Anzahl vor; auch dies sind also keine gleichnamigen Glieder. Das erste enthält eine x- und zwei y-Variablen, in dem zweiten ist es umgekehrt.

Sprechen wir mal über Trigonometrie

Der Begriff „Trigonometrie" kommt aus dem Griechischen und bedeutet „Dreiecksmessung" (*trigonon* = Dreieck, *metron* = Maß). Sie entwickelte sich in allen Kulturkreisen, vorwiegend durch ihre Verbindung zu Astronomie und Seefahrt.

Die Babylonier

Die alten Babylonier verfügten schon vor rund 3000 Jahren über eine Form der Trigonometrie. Von ihnen stammt die Vorstellung, einen Kreis in 360 Grad einzuteilen, einen Grad in 60 Minuten und eine Minute in 60 Sekunden. Mit anderen Worten: Statt 7,5° kann man auch 7°30' schreiben, gesprochen „sieben Grad dreißig Minuten". Daher haben bei uns eine Stunde 60 Minuten und eine Minute 60 Sekunden. Dahinter steht das Zahlensystem der Babylonier, das auf der Zahl 60 basierte (Sexagesimalsystem); sechs mal 60 ergab einen vollständigen Kreis.

Die Griechen

Euklid (s. S. 54/55) und Archimedes (s. S. 58/59) entwickelten – allerdings auf dem Weg über die Geometrie – Theoreme, zu denen es trigonometrische Entsprechungen gibt. Die Trigonometrie der alten Griechen sah jedoch anders aus als unsere, denn ihre Grundlage waren „Sehnen" von Kreisen, das heißt Geraden, die Punkte des Kreises verbinden.

Die erste trigonometrische Tabelle stellte nach heutiger Kenntnis im 2. Jahrhundert v. u. Z. der Mathematiker und Astronom Hipparchos von Nicäa auf. Er entwickelte die Tabelle als Hilfsmittel bei der Berechnung von Dreiecken, und Hipparchos gebührt auch das Verdienst,

ÄHNLICHE DREIECKE

Als „ähnlich" bezeichnet man Dreiecke, die alle drei Winkel gemeinsam haben. Die Dreiecke können unterschiedlich groß sein, das Längenverhältnis ihrer Seiten bleibt aber immer gleich. Wenn wir also wissen, dass *A* doppelt so lang ist wie *a*, dann ist *B* auch doppelt so lang wie *b* und *C* doppelt so lang wie *c*.

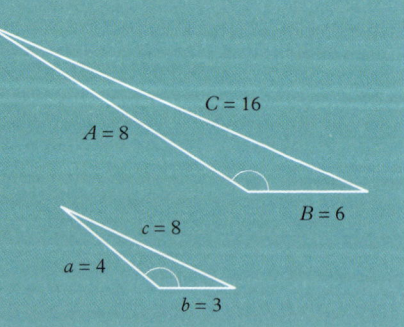

die Einteilung des Kreises in 360 Grad bei den Griechen eingeführt zu haben.

Der Astronom und Geograf Ptolemäus (ca. 85–165 u. Z.) erweiterte Hipparchos' Arbeiten in seinem 13-bändigen Werk *Almagest*.

Inder und Perser

Der indische Mathematiker Aryabhata (476–550 u. Z.) entwickelte die Verhältnisse für Sinus und Kosinus, die am stärksten unserer modernen Form ähneln (s. Kasten). Zu seinen Arbeiten gehören auch die ältesten heute noch erhaltenen Sinustabellen. Im 17. Jahrhundert veröffentlichte der indische Mathematiker Bhaskara eine recht genaue Formel (die nicht mit Grad, sondern mit Radian benutzt wird), mit der sich der Sinus von x ohne Tabelle berechnen lässt:

$$\sin x \approx \frac{16x\,(\pi - x)}{5\pi^2 - 4x(\pi - x)}\ ,\ (0 \leq x \leq \pi)$$

Diese Ideen gelangten über Persien nach Westen. Im 9. Jahrhundert brachte al-Chwarizmi (s. S. 86/87) trigonometrische Tabellen für Sinus, Kosinus und Tangens heraus. Später nutzten islamische Mathematiker alle sechs trigonometrischen Funktionen und besaßen Tabellen in Abstufungen von einem Viertelgrad, die auf acht Dezimalstellen genau waren. Im 11. Jahrhundert veröffentlichte der im spanischen Córdoba geborene al-Dschaijani ein Werk, das Formeln für rechtwinklige Dreiecke enthielt und wahrscheinlich großen Einfluss auf die europäische Mathematik hatte.

Trigonometrie heute

Heute gibt es für die Trigonometrie eine Riesenzahl praktischer Anwendungen.

SECHS AUF EINEN STREICH

Die sechs trigonometrischen Funktionen bezeichnen die Längenverhältnisse der drei Seiten eines rechtwinkligen Dreiecks. Wenn man bestimmte Seitenlängen und Winkel kennt, kann man die Werte für die unbekannten Seiten und Winkel berechnen. Man muss nur wissen, welche Funktion man jeweils benutzt.

Sinus θ = Gegenkathete : Hypotenuse
Kosinus θ = Ankathete : Hypotenuse
Tangens θ = Gegenkethete : Ankathete
Kosekans θ = Hypotenuse :
Gegenkathete
(reziprok zum Sinus)
Sekans θ = Hypotenuse : Ankathete
(reziprok zum Kosinus)
Kotangens θ = Ankathete :
Gegenkathete
(reziprok zum Tangens)

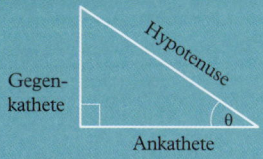

Neben Landvermessung und Kartografie wird sie auch zur Navigation genutzt. Sowohl der traditionelle Sextant, mit dem Seeleute früher ihre Position auf den Weltmeeren ermittelten, als auch die modernen Satellitennavigationssysteme bedienen sich der Trigonometrie.

Übung 6

Einen Baum fällen

DIE AUFGABE:

Ein Mann soll auf seinem Grundstück einen Baum fällen. Der Baum steht in der Nähe von zwei Zäunen, die nicht beschädigt werden sollen. In welche Richtungen kann der Baum gefahrlos fallen? Übrigens: Den Baum in die komplett andere Richtung stürzen zu lassen, kommt nicht infrage – da steht das Haus.

DIE METHODE:

Vor dieser Aufgabe stand ich tatsächlich einmal. Ich wollte einen abgestorbenen Baum fällen, bevor die Winterstürme ihn umwarfen, und wollte dabei steuern, in welche Richtung er stürzte.

Als Erstes musste ich die Höhe des Baumes ermitteln. Ich hätte mit einem Maßband hinaufklettern können, aber so mutig oder dumm bin ich nicht. Die

zweite, ungefährlichere Möglichkeit bestand darin, ein Klinometer herzustellen und die Trigonometrie zu nutzen. Ein „Klinometer" ist schlicht ein Gerät zur Messung von Steigungen. Es lässt sich leicht bauen: Man braucht nur einen Winkelmesser, ein Seil und ein Gewicht, das man an dem Seil befestigt. Mithilfe einer Laserwasserwaage stellte ich mich selbst möglichst waagerecht, dann ging ich zu dem hinteren Zaun und blickte an dem

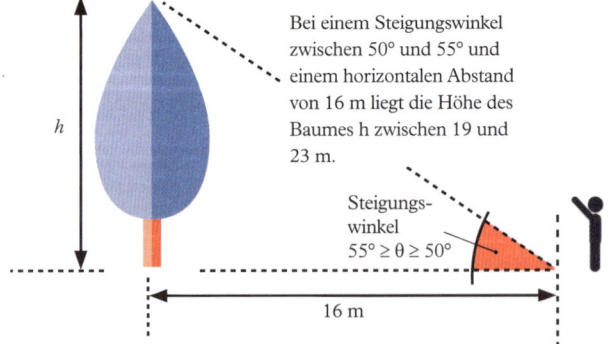

Bei einem Steigungswinkel zwischen 50° und 55° und einem horizontalen Abstand von 16 m liegt die Höhe des Baumes h zwischen 19 und 23 m.

Steigungs-
winkel
$55° \geq \theta \geq 50°$

16 m

h

Winkelmesser entlang zur Spitze des Baumes hinauf. Dabei stellte ich fest, dass der Winkel zwischen 50° und 55° betrug. Nachdem ich den Winkel und die Basislänge kannte (zwischen Baum und Zaun lag ein Abstand von 16 m), konnte ich die Tangensfunktion (s. Kasten rechts) anwenden:

$$\tan \theta = \frac{Gegenkathete}{Ankathete} \quad \text{oder} \quad \tan 50 = \frac{H\ddot{o}he}{16}$$

Dies lässt sich ausdrücken als

$$H\ddot{o}he = 16 \cdot \tan 50 = 19 \text{ m}$$

Für 55° ergibt die Berechnung eine Höhe von 23 m. Ich bildete aus diesen Ergebnissen den Mittelwert: 21 m. Erste Aufgabe erledigt. Zweite Aufgabe: das erlaubte Ausmaß meines

Fehlers beim Fällen des Baumes ermitteln. Nachdem ich die Höhe des Baumes kannte, konnte dieser Fehler die Hypotenuse von drei Dreiecken auf dem Boden darstellen. Mit der umgekehrten Kosinusfunktion (s. rechts) konnte ich den Wert für θ_1 ermitteln:

$$\cos^{-1}\frac{16}{21} = \theta_1$$

oder $\theta_1 = 40°$. Der gleiche Winkel gilt auch für das zweite Dreieck, denn beide sind kongruent (gleich). Mit der gleichen Methode ergibt sich der Wert für $\theta_3 = 36°$.

DIE LÖSUNG:

Nachdem ich nun alle Winkel kannte, konnte ich leicht feststellen, in welcher Richtung ich den Baum fällen durfte. In Richtung des Eckpfostens stand mir ein Bogen von 14° zur Verfügung – ein recht schmaler Winkel, der aber vielleicht größer würde, wenn ich die Höhe überschätzt hatte.

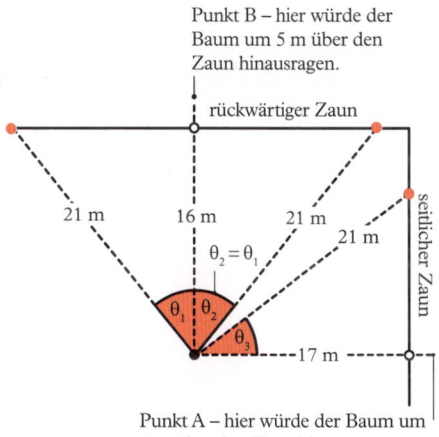

Punkt B – hier würde der Baum um 5 m über den Zaun hinausragen.

rückwärtiger Zaun

21 m   16 m   21 m

$\theta_2 = \theta_1$ 21 m

seitlicher Zaun

θ_1 θ_2

θ_3 ---17 m---

Punkt A – hier würde der Baum um 4 m über den Zaun hinausragen.

Die Punkte A und B kennzeichnen die kürzesten Abstände vom Baum zu den Zäunen; über sie würde der Baum um 4 bzw. 5 m hinausgehen. An den Punkten im Abstand von 21 m würde der Zaun gerade eben berührt. Damit blieb ein Sektor, in dem sich der Baum relativ gefahrlos fällen ließ.

SGH CAH TGA

Woher weiß man, welche Funktion man wann benutzen muss? Nun, das hängt davon ab, für welche Seiten des Dreiecks man Zahlenwerte hat:

$$\mathbf{s}\text{in } \theta = \frac{Gegenkathete}{Hypotenuse}$$

$$\mathbf{c}\text{os } \theta = \frac{Ankathete}{Hypotenuse}$$

$$\mathbf{t}\text{an } \theta = \frac{Gegenkathete}{Ankathete}$$

Kapitel 2

Das alte Griechenland

Wenn man an die Geschichte der Mathematik denkt, fällt einem meist die griechische Antike ein. Schließlich stammen viele unserer mathematischen Symbole aus dem griechischen Alphabet: Die Zahl π haben wir bereits kennengelernt. Und wenn man jemanden nach dem Namen eines berühmten Mathematikers fragt, bestehen gute Chancen, dass Pythagoras, Archimedes oder ein anderer längst verstorbener Grieche genannt wird. In dieser Bekanntheit spiegelt sich bis zu einem gewissen Grade eine abendländische Voreingenommenheit des Denkens wider, aber gleichzeitig ist Griechenland deshalb auch ein guter Ausgangspunkt für unsere Reise in die Algebra.

Porträt

Pythagoras

Häufig ist Pythagoras der erste Mathematiker aus der Geschichte, der uns vorgestellt wird. Tatsächlich ist Pythagoras ein ganz guter Ausgangspunkt, denn er hatte großen Einfluss auf die Entwicklung der Mathematik.

Pythagoras von Samos wurde ungefähr 570 v. u. Z. auf der griechischen Insel gleichen Namens geboren. Manchmal wird er als erster reiner Mathematiker bezeichnet: Er beschäftigte sich mit der Mathematik als theoretischer Wissenschaft und nicht mit ihren praktischen Anwendungen. Das ist wichtig: Der Gedankensprung von fünf Äpfeln, fünf Menschen und so weiter zu der abstrakten Zahl 5 war bedeutsam, auch wenn wir uns heute in unserem Alltagsleben daran gewöhnt haben.

Pythagoras hat keine eigenen Schriften hinterlassen. Entweder wurden sie später zerstört, oder er schrieb selbst nichts, sondern ließ seine Gedanken von Schülern aufschreiben. Außerdem war seine Schule eine Geheimgesellschaft, was das Fehlen schriftlicher Aufzeichnungen ebenfalls erklären könnte. Alles, was wir über Pythagoras wissen, stammt also aus anderen Quellen; manche davon wirken plausibel, andere scheinen Fantasieprodukte zu sein.

Das Leben des Pythagoras

Angesichts der Tatsache, dass es um die Zeit vor zweieinhalb Jahrtausenden geht, besitzen wir über das Leben von Pythagoras relativ detaillierte Kenntnisse. Er lebte in seiner Jugend auf Samos, unternahm aber mit seinem Vater Mnesarchos, einem Kaufmann, zahlreiche Reisen. In Milet besuchte Pythagoras den griechischen Philosophen, Naturwissenschaftler, Mathematiker und Ingenieur Thales; außerdem hörte er Vorlesungen des Thales-Schülers Anaximander.

Während eines Krieges zwischen Ägypten und Persien wurde er gefangen genommen und nach Babylon gebracht. Um 520 v. u. Z. kehrte er nach Samos zurück. Wenig später ging er nach Süditalien und gründete in Kroton die Schule der Pythagoreer.

Die Pythagoreer waren fast eine Glaubensgemeinschaft: Sie vermischten Religion mit Mathematik. In gewisser Weise war die Gruppe von Kroton eine Schule, ein Kloster und eine Bruderschaft – da Pythagoras aber auch Frauen die Teilnahme gestattete, war es vielleicht weniger eine Bruderschaft als vielmehr eine Kommune. Die Pythagoreer glaubten auch an Seelenwanderung und Wiedergeburt; sie befolgten teilweise seltsame Regeln, darunter die, keine Bohnen zu essen.

PYTHAGORAS UND DIE MUSIK

Pythagoras und die Pythagoreer interessierten sich sehr für Musik. Einer Legende zufolge hörte Pythagoras aus einer Schmiedewerkstatt harmonische Klänge. Er erkannte, dass die Tonhöhe mit der Größe des Werkzeugs zusammenhing. Mit einfachen Brüchen gelangte Pythagoras zu den Tönen der Tonleiter, die wir heute kennen. Angenommen, man zupft an einer Saite und erzeugt so ein C. Verkürzt man nun die Saite auf die halbe Länge, so hört man beim Zupfen erneut ein C, dieses Mal aber eine Oktave höher. Eine auf halbe Länge verkürzte Saite bringt eine doppelt so hohe Tonfrequenz hervor, das heißt, sie klingt eine Oktave höher.

Ton	Länge der Saite
C	1
D	$\frac{8}{9}$
E	$\frac{4}{5}$
F	$\frac{3}{4}$
G	$\frac{2}{3}$
A	$\frac{3}{5}$
B	$\frac{8}{15}$
C	$\frac{1}{2}$

Pythagoras und die Mathematik

In der Mathematik wurden die Pythagoreer durch viele Leistungen bekannt, unter anderem durch den Satz des Pythagoras, die mathematische Untersuchung der Musik und die Entdeckung der Quadratwurzel von 2. Angesichts der Geheimnistuerei im Umfeld der Pythagoreer und der gemeinschaftlichen Natur der Gruppe lässt sich kaum feststellen, welche Arbeiten von Pythagoras stammen und welche nicht. (Den pythagoreischen Satz betrachten wir auf den folgenden Seiten genauer; die Quadratwurzel aus 2 wird in dem Abschnitt über irrationale Zahlen erwähnt.)

Im Jahr 508 v.u.Z. wurde die Gesellschaft der Pythagoreer von Zylon angegriffen, einem Adligen aus Kroton. Pythagoras entkam nach Metapont und starb ungefähr acht Jahre später. Nach seinem Tod bildeten sich zwei getrennte Gruppen: eine mathematische und eine religiöse.

Der Satz des Pythagoras

Der Satz des Pythagoras gehört zu den bekanntesten Elementen der Mathematik. An ihn erinnern sich die meisten Menschen noch aus der Schule. Er lässt sich im Alltag auf vielfältige Weise nutzen.

Der Satz des Pythagoras besagt: In einem rechtwinkligen Dreieck ist die Summe der Quadrate der beiden kürzeren Seiten gleich dem Quadrat der längsten Seite oder als Formel:

$$a^2 + b^2 = c^2$$

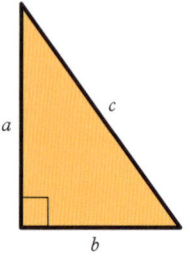

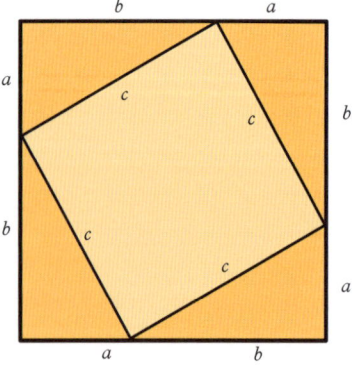

Ein einfacher Beweis

Die Formel ist zwar nach Pythagoras benannt, doch der Satz war schon lange vor seiner Zeit bei den Babyloniern und Indern bekannt. Vermutlich konstruierte aber Pythagoras oder ein Pythagoreer zum ersten Mal einen Beweis. Hier also eine der vielen Beweismöglichkeiten. Die Fläche des großen Quadrates ist

$$(a + b)^2 \text{ oder } (a + b)(a + b)$$

Durch Anwendung der auf S. 34 beschriebenen Methode und Zusammenfassung der gleichnamigen Glieder erhalten wir

$$a^2 + 2ab + b^2$$

Die Fläche des großen Quadrats kann man aber auch ermitteln, indem man die Flächen der vier Dreiecke und des kleineren Quadrats mit der Seitenlänge c addiert. Die Fläche des schräg stehenden Quadrats ist c^2, und die Fläche jedes Dreiecks ist ab. Die Summe der vier Dreiecke und des schräg stehenden Quadrats lautet also

$$4 \cdot \frac{1}{2} ab + c^2$$

Dies lässt sich vereinfachen zu $2ab + c^2$. Da wir es in beiden Fällen mit demselben Quadrat zu tun haben, müssen die beiden Flächen gleich sein, also ist

$a^2 + 2ab + b^2 = 2ab + c^2$

Der Ausdruck $2ab$ steht auf beiden Seiten der Gleichung und hebt sich auf; damit bleibt

$a^2 + b^2 = c^2$

Eine häufige Anwendung des Satzes

Im Bauwesen prüft man mit dem Satz des Pythagoras, ob eine Ecke rechtwinklig ist. Allerdings bezweifle ich, dass die Arbeiter sagen: „Warte mal, ich muss mit dem Satz des Pythagoras den Winkel prüfen." Doch so ist es: Um schnell zu prüfen, ob ein Winkel 90 Grad beträgt, misst man an einer Wand drei und an der anderen vier Meter ab. Dann misst man die Diagonale zwischen den beiden Punkten. Ist sie nicht fünf Meter lang, stehen die Wände nicht im rechten Winkel. Noch genauer wird die Messung, wenn man an den Wänden Vielfache von 3 und 4 abmisst.

Pythagoreische Tripel

Die Zahlen 3, 4 und 5, die in dem Beispiel die Seitenlänge eines rechtwinkligen Dreiecks darstellen, werden als „pythagoreisches Tripel" bezeichnet. Es gibt viele solche Dreiergruppen, darunter auch alle mit Vielfachen von 3, 4 und 5. Auch die Bildseitenverhältnisse von Fernsehgeräten (14:3, 16:9) gehören zu pythagoreischen Tripeln. Ermitteln kann man sie mit folgender Formel: Angenommen, n und m sind ganze Zahlen, wobei n größer ist als m:

$a = n^2 - m^2$
$b = 2nm$
$c = n^2 + m^2$

Wenn $n = 2$ und $m = 1$, dann ist

$a = 2^2 - 1^2 = 4 - 1 = 3$
$b = 2 \cdot 2 \cdot 1 = 4$
$c = 2^2 + 1^2 = 4 + 1 = 5$

Mit verschiedenen Werten von m und n kann man beliebig viele pythagoreische Tripel aufstellen.

Das 3-D-Erlebnis

Ein weiterer interessanter Aspekt des Pythagoras-Satzes ist die Tatsache, dass man ihn auf andere Dimensionen verallgemeinern kann. Für uns bedeutet das: auf drei Dimensionen.

Ein Beispiel: Angenommen, Susi sammelt Kleinkram und will diesen in einem Schuhkarton aufbewahren. In einem Laden sieht sie einen besonderen Stift, aber bevor sie ihn kauft, will sie wissen, ob er in die Schachtel passt.

Zum Glück kennt Susi die Abmessungen der Schachtel: Sie ist 18 cm breit, 28 cm lang und 11 cm hoch. Nun wendet sie den Satz des Pythagoras in drei Dimensionen an: $a^2 + b^2 + c^2 = d^2$, wobei a, b und c Breite, Länge und Höhe sind; d ist die Diagonale. Susi erhält also:

$$18^2 + 28^2 + 11^2 = d^2$$

Das ergibt

$$324 + 784 + 121 = d^2 \text{ oder } 1229 = d^2$$

Wir ziehen auf beiden Seiten die Quadratwurzel und finden so heraus, dass der Stift maximal 35 cm lang sein darf.

Die Wurzel der Mathematik

Wurzeln, oder genauer gesagt Quadratwurzeln, kennt man schon seit Jahrhunderten. Der Papyrus Rhind erwähnte sie bereits um 1650 v. u. Z., aber das ist auch nicht erstaunlich, da Quadratwurzeln in engem Zusammenhang mit Fläche und Diagonalen von Quadraten und Rechtecken stehen; um einen Tempel zu bauen, musste man sie also anwenden. Heute benutzt man Quadratwurzeln in vielen Bereichen; Elektroingenieure können mit ihrer Hilfe beispielsweise die Verlustleistung in einem Stromkreis berechnen.

Die Quadratwurzel von 2

Die Quadratwurzel von 2 ($\sqrt{2}$) war für die Pythagoreer (s. S. 42/43) ein großes Thema. Die Entdeckung, dass sie eine irrationale Zahl war, machte ihnen ernste Sorgen. Die ganze Welt bestand für sie aus Zahlen, und das bedeutete rationale Zahlen. Dass eine Zahl sich nicht als Bruch darstellen lässt, war unvorstellbar.

Der Legende nach fand Hippasos von Metapont, ein Schüler des Pythagoras, einen Beweis für die irrationale Natur der Quadratwurzel von 2. Da die Pythagoreer dies nicht akzeptieren wollten, wurde Hippasos zum Tod durch Ertränken verurteilt. Laut einer anderen Geschichte machte er seine Entdeckung auf hoher See und wurde dann über Bord geworfen.

Ein anderer berühmter Grieche

Archimedes (s. S. 58/59) stellte eine sehr genaue Schätzung für die Quadratwurzel von 3 ($\sqrt{3}$) an. Diese benutzte er in dem Text *Vermessung eines Kreises*, in dem er auch seine Schätzung für π skizzierte.

Archimedes schätzte $\sqrt{3}$ auf $\frac{265}{153} < \sqrt{3} <$ $\frac{1351}{780}$, oder, in Dezimalzahlen ausgedrückt, $1,7320261 < \sqrt{3} < 1,7350512$. Die zweite Zahl weicht nur um 0,0000004

vom wirklichen Wert ab – eine sehr gute Schätzung angesichts der Tatsache, dass Archimedes weder einen Taschenrechner besaß noch mit dem Dezimalsystem arbeiten konnte – mit griechischen Zahlen waren Multiplikation und Division sehr schwierig. Manche Mathematikhistoriker vermuten, dass Archimedes die babylonische Methode verwendete.

Die babylonische Methode, auch Heron-Methode genannt, ist eine elegante, iterative (sich wiederholende) Formel: Für $x_0 \approx \sqrt{S}$ findet man die Schätzung für die Wurzel mit

$$x_{n+1} = \frac{1}{2}\left(x_n + \frac{S}{x_n}\right)$$

Als Beispiel wollen wir die Quadratwurzel von 3 ($\sqrt{3}$ abschätzen. Der Taschenrechner ergibt für $\sqrt{3}$ den Wert 1,732 050 808.

Zunächst brauchen wir eine Ausgangsschätzung: x_0. Wir wissen, dass 2 die Quadratwurzel von 4 ist, also beginnen wir hier. Die Zahl ist zu groß, aber mithilfe der Formel arbeiten wir uns bis zum richtigen Wert hinunter. Wir ersetzen x_n durch x_0, womit x_{n+1} gleichbedeutend mit x_1 ist.

$$x_1 = \frac{1}{2}\left(x_0 + \frac{S}{x_0}\right)$$

Dabei ist $x_0 = 2$ und S = 3 (für $\sqrt{3}$)

$$x_1 = \frac{1}{2}\left(2 + \frac{3}{2}\right) = 1,75$$

Damit haben wir die beiden ersten Dezimalstellen richtig ermittelt, und unser Wert für x_1 ist eine bessere Schätzung für $\sqrt{3}$. Mit $x_1 = 1,75$ können wir die Formel erneut anwenden:

$$x_1 = \frac{1}{2}\left(x_1 + \frac{S}{x_1}\right)$$

Wobei $x_1 = 1,75$ und S = 3 (für $\sqrt{3}$)

$$x_2 = \frac{1}{2}\left(1,75 + \frac{3}{1,75}\right) = 1,7321$$

Nun haben wir die ersten vier Dezimalstellen von $\sqrt{3}$ gefunden; wenn wir wollen, können wir den Vorgang beliebig fortsetzen und so zu immer besseren Schätzungen für die Quadratwurzel von 3 gelangen.

HERON VON ALEXANDRIA

Neben seiner Methode zur Ermittlung von Quadratwurzeln fand Heron von Alexandria auch einen hübschen Weg, mit dem man die Fläche eines Dreiecks ohne rechte Winkel ermitteln kann: mit der Formel

Fläche = $\sqrt{s(s - a)(s - b)(s - c)}$

Dabei ist $s = \dfrac{a + b + c}{2}$

Oder anders geschrieben

Fläche = $\dfrac{\sqrt{(a + b + c)(a + b - c)(b + c - a)(c + a - b)}}{4}$

Dabei sind a, b und c die Seiten des Dreiecks, und s ist die Hälfte seines Umfangs. Die Formel sieht hässlich aus, ist aber eigentlich ganz schön. Bei den Schwierigkeiten, die Berechnungen im alten Griechenland darstellten, bot sie zudem eine einfachere Lösung.

Übung 7

Vereinfachung von Wurzeln

DIE AUFGABE:

Heute sind die Lösungen für Quadratwurzeln mit Taschenrechnern einfach zu finden. Früher war das kniffliger und nur wenige Quadratwurzeln waren einigermaßen genau bekannt. Zum Glück handelt es sich bei vielen Quadratwurzeln um Vielfache grundlegender Quadratwurzeln wie $\sqrt{2}$, $\sqrt{3}$ oder $\sqrt{5}$. Sam muss den Wert für $\sqrt{180}$ finden, hat aber keinen Taschenrechner. Er besitzt aber eine Tabelle mit den Werten für die Quadratwurzeln einiger Primzahlen. Um den Wert für $\sqrt{180}$ zu finden, muss er diese Wurzel in ihrer einfachsten Form schreiben.

DIE METHODE:

Zunächst: Was ist die „einfachste" Form einer Wurzel? Antwort: eine Wurzel, aus der alle möglichen Quadrate entfernt sind. $2\sqrt{3}$ ist beispielsweise gleich $\sqrt{12}$, aber $2\sqrt{3}$ ist die einfachste Form, denn $\sqrt{12}$ kann man als $\sqrt{4} \cdot \sqrt{3}$ schreiben, und $\sqrt{4}$ ist 2; damit erhalten wir $2\sqrt{3}$.

   Das sieht schwierig aus, es gibt aber ein paar Tricks. Die Standardmethode zur Vereinfachung von Wurzeln besteht darin, in der Wurzel perfekte Quadrate zu finden, also Zahlen wie 1, 4, 9, 16, 25 und so weiter. Solche Quadratzahlen suchen wir, weil ihre Quadratwurzeln hübsche natürliche Zahlen sind. Ein Beispiel:

$$\sqrt{4} = 2 \text{ und } \sqrt{25} = 5$$

Dies kann man mit einem Faktorenbaum oder mit einer Division von unten nach oben erreichen. In unserer Aufgabe gehen 4 und 9 in 180 auf, die zerlegte Form sieht also so aus:

$$\sqrt{4 \cdot 9 \cdot 5}$$

Dies kann man auch schreiben als $\sqrt{4} \cdot \sqrt{9} \cdot \sqrt{5}$, und da $\sqrt{4} = 2$ und $\sqrt{9} = 3$, ergibt die weitere Vereinfachung $2 \cdot 3 \cdot \sqrt{5}$ oder $6\sqrt{5}$.

Ein anderer Weg besteht darin, alle Primfaktoren der Zahl zu finden. Auch hier können wir den Faktorenbaum oder die Division von unten nach oben verwenden. Die Primfaktoren von 180 sind 2 • 2 • 3 • 3 • 5, die Wurzel hat dann also folgende Form:

$$\sqrt{2 \cdot 2 \cdot 3 \cdot 3 \cdot 5}$$

Daraus entfernen wir nun die Primzahlen-Paare.

Wir entfernen Paare, weil es sich um eine Quadratwurzel handelt. Aus einer Kubikwurzel müssten wir Dreiergruppen entfernen. Diese Methode verwenden wir beim „Gefängnisausbruch".

Was tun wir mit Wurzelzahlen? Wir stecken sie ins Gefängnis. Und was wollen sie tun? Ausbrechen. Der erste Schritt des Ausbruchs besteht darin, die Gefängnisinsas- sen in Cliquen (Primfaktoren) einzuteilen, denn Knackis trauen nur ihresgleichen. Wenn sie aus dem Quadratwurzelgefängnis ausbrechen wollen, müssen je zwei Zahlen zusammenarbeiten. Eine Zahl klettert über die Mauer, lenkt die Wachen ab und wird erschossen. Währenddessen gelangt die andere durch einen Tunnel in die Freiheit.

In unserem Beispiel sterben eine 2 und eine 3, als sie über die Mauer klettern wollen, aber ihre Komplizen schaffen es nach draußen. Die 5 bleibt Däumchen drehend im Knast zurück, weil sie keinen Partner hat, der die Wachen ablenken könnte.

DIE LÖSUNG:
Wir erhalten die Lösung $(3 \cdot 2)\sqrt{5}$ oder $6\sqrt{5}$. Nachdem Sam die Wurzel so weit vereinfacht hat, braucht er nur noch 6 mit $\sqrt{5}$ oder 2,236 zu multiplizieren. Das Ergebnis ist 13,416.

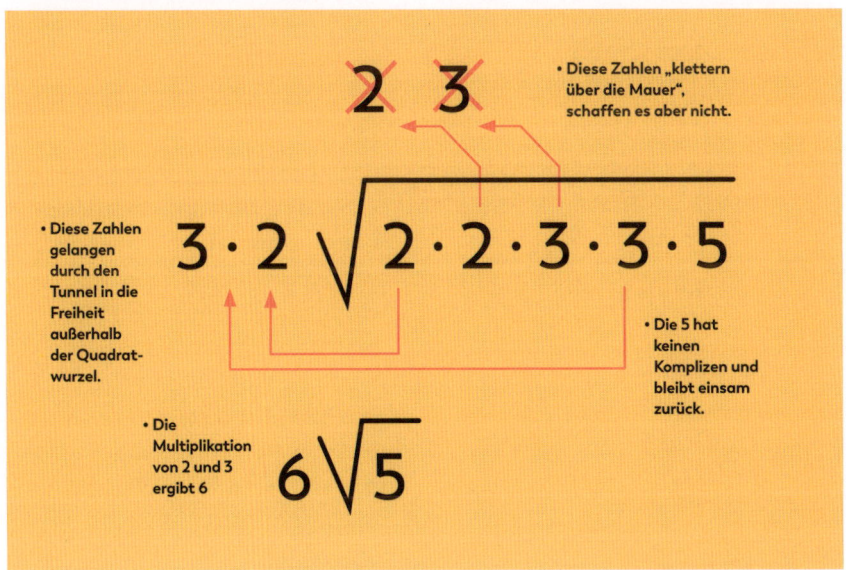

- Diese Zahlen „klettern über die Mauer", schaffen es aber nicht.

- Diese Zahlen gelangen durch den Tunnel in die Freiheit außerhalb der Quadratwurzel.

- Die 5 hat keinen Komplizen und bleibt einsam zurück.

- Die Multiplikation von 2 und 3 ergibt 6

Porträt

Platon

Platon war eine der großen Gestalten der Philosophie. In Mathematikerkreisen ist er ebenfalls bekannt, allerdings weniger wegen seiner Leistungen als vielmehr wegen seiner Einstellung zu dem Thema. Platon war ein Fackelträger der Mathematik; durch ihn wurden die Erkenntnisse des Pythagoras und seiner Nachfolger an Euklid (s. S. 54/55) und Archimedes (s. S. 58/59) weitergegeben.

Platon wurde ca. 427 v.u. Z. in Athen geboren. Als Sohn reicher Eltern erhielt er eine solide Ausbildung. In seiner Jugend wütete der Peloponnesische Krieg, in dem Athen gegen Sparta und den Peloponnesischen Bund um die Vorherrschaft kämpfte. Von 409 (seinem 18. Lebensjahr) bis 404 v.u. Z. leistete Platon Militärdienst.

Während dieser Jahre war er mit ziemlicher Sicherheit ein Anhänger von Sokrates: Diesen erwähnt er in seinen *Dialogen*, und Sokrates war auch ein Freund seines Onkels Charmides. Sokrates' Festnahme, das nachfolgende Gerichtsverfahren und seine Hinrichtung hatten auf Platon großen Einfluss. Nach dem Tod von Sokrates 399 v.u. Z., reiste Platon von Griechenland nach Ägypten, Sizilien und Italien.

Platon und Pythagoras
In Italien lernte Platon die Gedanken der Pythagoreer kennen und entwickelte daraus seine Vorstellungen von der Wirklichkeit. Die Pythagoreer trugen dazu bei, die Welt der Mathematik von der „wirklichen Welt" zu trennen, und hatten damit großen Einfluss auf Platon.

Platon sah in mathematischen Objekten vollkommene Formen, die sich in Wirklichkeit nicht erschaffen lassen. Ein Beispiel ist die Gerade: In der Mathematik hat sie eine Länge, aber keine Breite; in der Realität kann man also keine echte Gerade zeichnen, denn eine Linie ist auf dem Papier nur dann zu sehen, wenn sie

„Hast du denn schon bemerkt, dass erstlich die von Geburt zur Rechenkunst Begabten fast zu allen Lehrgegenständen eine scharfe Auffassung angeboren haben, und zweitens, dass die von Natur langsamen Köpfe durch die Bildung und Übung in diesem Zweige des Wissens, wenn sie auch sonst nichts profitieren, wenigstens doch alle den Gewinn haben, dass sie eine schnellere Fassungskraft als vorbei bekommen?"

– *Der Staat*

„Die Vortrefflichkeit der Rechenkunst liegt gerade darin, dass sie nämlich ganz besonders nach oben leitet, mit rein abstrakten Zahlen bei ihren Operationen zu verfahren nötigt und es durchaus nicht gestattet, wenn jemand körperlich sichtbare oder fühlbare Zahlen in sie hineinbringen und damit rechnen wollte."

– *Der Staat*

metrie der Körper, Astronomie und Musik. Erst dann, so Platon, könne man sich der Philosophie zuwenden.

Mit Platon verbindet sich ein wichtiges mathematisches Thema: die platonischen Körper. Diese fünf Körper mit ihren hübschen Eigenschaften – Tetraeder, Würfel, Oktaeder, Dodekaeder und Ikosaeder – sind zwar nach ihm benannt, sie waren aber schon vor Platons Zeit bekannt. (Genauer werden sie auf S. 52/53 erörtert.) Platons Akademie blieb bis 529 u. Z. bestehen. Erst dann ließ der römische Kaiser Justinian sie schließen.

eine gewisse Breite hat. Außerdem setzt sich eine echte Gerade unendlich fort, was man ebenfalls nicht zeichnen kann. Natürlich kann man Linien mit Pfeilen versehen und so die unendliche Länge andeuten, aber das ist nur ein grobes Symbol.

Platon und die Akademie

Im Jahr 387 v. u. Z. kehrte Platon nach Athen zurück und gründete dort die Akademie, wo er bis zu seinem Tod 347 v. u. Z. tätig war. Die Akademie war seinen philosophischen, wissenschaftlichen und mathematischen Forschungen gewidmet.

Platon war zwar ein großer Freund der Mathematik, er brachte aber das mathematische Denken nicht voran. Pythagoras' Gedanken wurden jedoch durch ihn überliefert und die Liebe zur Mathematik übertrug sich auf seine Schüler. Deshalb ist Platon in der Geschichte der griechischen Mathematik ein wichtiges Bindeglied. Er hielt die Mathematik sogar für so wichtig, dass er die Worte „Möge hier niemand eintreten, der nicht in Mathematik bewandert ist" über die Tür seiner Akademie schreiben ließ. In seinem Werk *Der Staat* erklärt er, man müsse zunächst die fünf Disziplinen der Mathematik studieren: Arithmetik, ebene Geometrie, Geo-

WICHTIGE WERKE

Der Staat
Platons bekanntestes Werk befasst sich mit der idealen Gesellschaft, idealen Herrschern und Regierungsformen. Zudem behandelt es unvollkommene Darstellungen idealer mathematischer Objekte.

Phaidon
Dieses Werk handelt von Sokrates' Tod und dem Jenseits; es nennt vier Argumente für die Unsterblichkeit der Seele. Es beschreibt auch vollkommene Formen und ihre unvollkommene Darstellung.

Timaios
Dieses Werk verbindet die platonischen Körper mit den Eigenschaften der vier Elemente sowie mit dem Universum (s. S. 52/53).

Mehr über platonische Körper auf S. 52–53

Platonische Körper

Die platonischen Körper sowie die auf S. 60/61 gezeigten archimedischen Körper sind hübsche Sonderfälle der dreidimensionalen Geometrie. Man sieht sie an allen möglichen interessanten Stellen, von Alltagsgegenständen wie dem Würfel bis zu Molekülen (Methan ist ein Tetraeder) und sogar Viren (das Herpesvirus ist ein Ikosaeder).

Die fünf platonischen Körper sind regelmäßig geformt: Tetraeder, Hexaeder (Würfel), Oktaeder, Dodekaeder und Ikosaeder. Diese Formen sind nach Platon (s. S. 50/51) benannt; es ist aber unwahrscheinlich, dass er sie entdeckte.

Manchen Quellen zufolge kannte schon Pythagoras (s. S. 42/43) den regelmäßigen Tetraeder, Hexaeder und Dodekaeder. Die Entdeckung des regelmäßigen Oktaeders und Dodekaeders verdanken wir wahrscheinlich dem griechischen

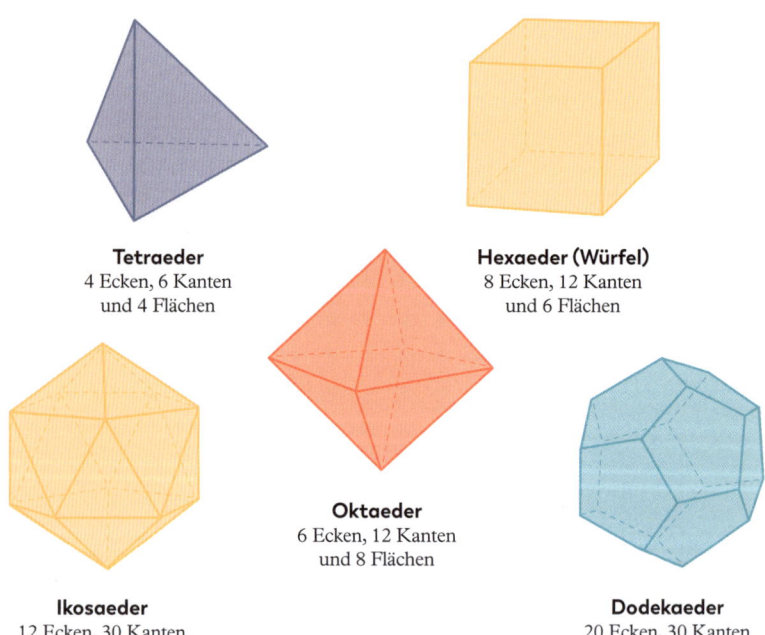

Tetraeder
4 Ecken, 6 Kanten
und 4 Flächen

Hexaeder (Würfel)
8 Ecken, 12 Kanten
und 6 Flächen

Oktaeder
6 Ecken, 12 Kanten
und 8 Flächen

Ikosaeder
12 Ecken, 30 Kanten
und 20 Flächen

Dodekaeder
20 Ecken, 30 Kanten
und 12 Flächen

ÜBER FLÄCHEN

Bei den platonischen Körpern besteht auch ein Zusammenhang zwischen Flächen, Kanten und Ecken. Der Tetraeder hat vier Flächen, vier Ecken (an denen die Flächen in einem Punkt zusammenstoßen) und sechs Kanten. Der Würfel hat sechs Flächen, acht Ecken und zwölf Kanten. Die letzte Spalte zeigt: In den Zusammenhängen zwischen der Zahl der Flächen, Ecken und Kanten aller fünf platonischen Körper besteht eine hübsche Symmetrie.

Polyeder	Flächen (F)	Ecken (E)	Kanten (K)	F + E − K
Tetraeder	4	4	6	4 + 4 − 6 = 2
Hexaeder	6	8	12	6 + 8 − 12 = 2
Oktaeder	8	6	12	8 + 6 − 12 = 2
Dodekaeder	12	20	30	12 + 20 − 30 = 2
Ikosaeder	20	12	30	20 + 12 − 30 = 2

Mathematiker Theaitetos (417–369 v. u. Z.), der bei Platon studierte und in zwei seiner *Dialoge* eine zentrale Rolle spielt. Für den gleichen Gedanken spricht auch das Buch XIII von Euklids *Elemente*.

Theaitetos führte nach heutiger Kenntnis auch erstmals den Beweis, dass es zumindest bei dreidimensionalen Körpern nur fünf solche regelmäßigen Formen gibt.

Eigenschaften der platonischen Körper

Zunächst müssen wir definieren, was ein platonischer Körper ist. Ein solches Objekt muss kongruente (gleichartige) Flächen haben; die Flächen dürfen nur an den Kanten zusammenstoßen; und an jeder Ecke muss die gleiche Zahl von Flächen zusammenstoßen. Dann sieht der Körper unabhängig davon, welche Fläche unten liegt, immer gleich aus. Deshalb sind platonische Körper gerecht und eignen sich als Würfel. Der regelmäßige Hexaeder

ist der uns bekannte sechsseitige Würfel, die anderen werden oft in Rollenspielen verwendet. Die interessanten Zusammenhänge zwischen Flächen, Ecken und Kanten sind in der Tabelle oben aufgeführt.

Darüber hinaus schrieb Platon den nach ihm benannten Körpern auch einige mathematisch weniger gut begründete, aber dennoch faszinierende Eigenschaften zu. Er setzte sie in Beziehung zu den vier Elementen: den Tetraeder mit dem Feuer, den Hexaeder mit der Erde, den Oktaeder mit der Luft und den Ikosaeder mit dem Wasser. Der fünfte Körper, der Dodekaeder, sollte die Sternbilder anordnen.

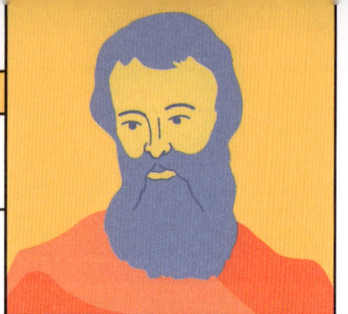

Porträt

Euklid

Euklid von Alexandria gilt allgemein als Vater der Geometrie. Sein Hauptwerk *Die Elemente* war über 1000 Jahre lang das maßgebliche Lehrbuch der Geometrie und wurde als erfolgreichstes mathematisches Unterrichtswerk aller Zeiten bezeichnet. Unsere Schulgeometrie ist euklidische Geometrie und bis Anfang des 19. Jahrhunderts war sie die einzige. Euklidische Geometrie ist, was das Lehren und Lernen angeht, eines der angenehmsten Teilgebiete der Mathematik.

Euklids Leben
Über Euklids Leben wissen wir nur wenig. Er wurde ungefähr 325 v. u. Z. geboren, wo, ist nicht bekannt. Man vermutet, dass er in Platons Akademie (s. S. 50/51) eintrat, allerdings wahrscheinlich erst nach Platons Tod. Zudem soll er zur Zeit von Ptolemäus I. in Alexandria geforscht und gelehrt haben.

Da man so wenig über Euklid weiß, wird manchmal die Frage gestellt, ob es ihn überhaupt gab. Drei Möglichkeiten werden diskutiert: erstens, dass Euklid lebte und seine Bücher selbst schrieb; zweitens, dass er eine Gruppe von Mathematikern leitete, die (ähnlich wie Pythagoras und die Pythagoreer) unter seinem Namen schrieben; und drittens, dass Euklid nicht existierte, sondern dass eine Gruppe diesen Namen annahm. Wenn man davon ausgeht, dass Euklid tatsächlich gelebt hat, starb er vermutlich um 263 v. u. Z.

Elemente der Geometrie
Euklids Hauptwerk *Die Elemente* ist eine Sammlung von 13 Büchern, die sich mit Geometrie und Zahlentheorie befassen. Zum größten Teil war die darin beschriebene Mathematik schon früher bekannt. Euklids Leistung bestand darin, die Informationen zu sammeln und zu strukturieren; außerdem lieferte er Beweise für viele Ideen, womit er die Mathematik auf einen strengeren gedanklichen Weg brachte.

Die Bücher I bis VI der *Elemente* handeln von der Geometrie der Ebene, die wir noch heute in der Schule lernen. In den Büchern I und II geht es um Dreiecke, Quadrate, Rechtecke, Parallelogramme und Parallelen. Im Buch I findet sich auch der Satz des Pythagoras (s. S. 44/45). Das Buch III beschreibt die Eigenschaften von Kreisen und Buch IV beschäftigt sich mit Problemen im Zusammenhang mit Kreisen. Das Buch V behandelt kommensurable und inkommensurable Größen, insbesondere Geraden. (Bei einer „kommensurablen" Größe bilden zwei Strecken ein Verhältnis, das eine rationale Zahl ist; „Inkommensurablität" bedeutet, dass das Verhältnis irrational ist.) Anwendungsmöglichkeiten für die Ergebnisse aus dem Buch V werden im Buch VI beschrieben.

Gegenstand der Bücher VII bis IX ist die Zahlentheorie. Das Buch VII enthält auch den euklidischen Algorithmus zum Auffinden des größten gemeinsamen Teilers zweier Zahlen (Genaueres auf S. 56/57). Außerdem werden dort Primzahlen und Teilbarkeit behandelt. Das Buch VIII untersucht geometrische Zahlenreihen – eine solche Reihe findet sich in der Übung auf S. 148/149. Das Buch IX handelt unter anderem von den Summen geometrischer Reihen und vollkommenen Zahlen (s. S. 17). Im Buch X werden nochmals irrationale Zahlen behandelt – ein Thema, das Euklid Kopfschmerzen bereitete und das uns auf S. 104/105 wiederbegegnen wird.

In den Büchern XI bis XIII wird die dreidimensionale Geometrie behandelt. Im Buch XII geht es um Oberfläche und Volumen von Kugeln, Kegeln, Zylindern und Pyramiden. Der letzte Band, Buch XIII, beschäftigt sich mit den Eigenschaften der fünf regelmäßigen Polyeder (den auf S. 52/53 erörterten platonischen Körpern) und nennt einen Beweis, dass es nur fünf solche Körper gibt. Der bereits erwähnte goldene Schnitt, der uns auf S. 100/101 wiederbegegnen wird, kommt in dem Buch ebenfalls vor.

ANDERE WERKE

Data
Über die Eigenschaften geometrischer Figuren, die man ableiten kann, wenn andere Eigenschaften bekannt sind.

Über die Teilung der Figuren
Aufteilung von Figuren in mehrere gleiche Teile.

Katoptrika
Über die mathematische Theorie der Spiegel.

Phainomena
Über sphärische Astronomie.

Optik
über die mathematischen Grundlagen der Perspektive.

Konika (verschollen)
Über Kegelschnitte (s. S. 91).

Pseudaria oder Das Buch der Trugschlüsse (verschollen)
Über logische Fehler.

Übung 8

Der Algorithmus des Euklid

DIE AUFGABE:

Der Stadtrat einer amerikanischen Stadt möchte den Hauptplatz neu gestalten lassen. Der Platz hat eine Fläche von 602 mal 322 Fuß (ungefähr 180 mal 107 Meter) und soll mit quadratischen Platten gepflastert werden. Die Platten sollen möglichst groß sein – 193 844 Steine von je einem Quadratfuß zu verlegen, kommt nicht infrage. Wie groß können die Platten höchstens sein, ohne dass man einige zerschneiden muss? Mit anderen Worten: In beiden Dimensionen muss eine ganze Zahl von Platten verlegt werden – und nein: Eine einzige riesige Platte ist nicht möglich – das wäre gemogelt!

DIE METHODE:

Wir müssen den größten gemeinsamen Teiler von Länge und Breite finden. Dazu gibt es mehrere Methoden. Die erste besteht darin, für beide Zahlen einen Faktorenbaum (s. S. 30) aufzustellen und die gemeinsamen Primfaktoren zu finden.

Die Primfaktoren von 602 sind 2, 7 und 43. Das heißt: $602 = 2 \cdot 7 \cdot 43$.

Die Primfaktoren von 322 sind 2, 7 und 23. Das heißt: $322 = 2 \cdot 7 \cdot 23$.

Die gemeinsamen Primfaktoren der beiden Zahlen sind 2 und 7, der größte gemeinsame Teiler lautet also $2 \cdot 7 = 14$.

Mit dem Faktorenbaum findet man alle gemeinsamen Primfaktoren. Aus ihnen kann man den größten gemeinsamen Teiler ableiten.

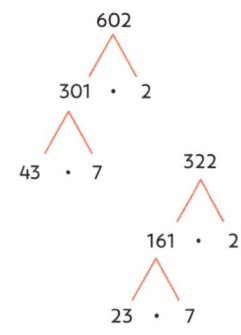

Eine bequeme Methode, sie setzt aber voraus, dass man eine Vorliebe für Primzahlen hat. Hand aufs Herz: Wer weiß auf Anhieb, dass 43 und 23 Primzahlen sind?

Eine andere Methode finden wir im Buch VII der *Elemente* von Euklid (s. S. 54/55). Er beschreibt dort einen Algorithmus zum Auffinden des größten gemeinsamen Teilers, für den man nur die schriftliche Division beherrschen muss. Das geht so:

Teile die größere Zahl durch die kleinere (602 durch 322):

$$\begin{array}{r} 1 \\ 322\overline{)602} \\ \underline{322} \\ 280 \ \ Rest \end{array}$$

Wir erhalten 1 und einen Rest von 280. Jetzt teilen wir 322 durch 280:

$$\begin{array}{r} 1 \\ 280\overline{)322} \\ \underline{280} \\ 42 \ \ Rest \end{array}$$

Wir erhalten 1 und einen Rest von 42.
Nun dividieren wir 280 durch 42:

$$\begin{array}{r} 6 \\ 42\overline{)280} \\ \underline{252} \\ 28 \ \ Rest \end{array}$$

Wir erhalten 6 und einen Rest von 28.
Nun dividieren wir 42 durch 28:

$$\begin{array}{r} 1 \\ 28\overline{)42} \\ \underline{28} \\ 14 \ \ Rest \end{array}$$

Wir erhalten 1 und einen Rest von 14.
Nun dividieren wir 28 durch 14:

$$\begin{array}{r} 2 \\ 14\overline{)28} \\ \underline{28} \\ 0 \ \ Rest \end{array}$$

DIE LÖSUNG:

Wir erhalten 2 mit Rest 0 und haben damit den größten gemeinsamen Teiler gefunden: 14. Der Stadtrat sollte also Platten von 14 mal 14 Fuß bestellen.

Porträt

Archimedes

Wenn Mathematiker die Größten ihrer Zunft benennen sollen, steht Archimedes regelmäßig neben Newton und Gauß (s. S. 144/145). Über sein Leben wissen wir jedoch nicht viel. Er wurde 287 v. u. Z. in der sizilianischen Stadt Syrakus geboren und lebte fast ausschließlich dort – allerdings wird behauptet, er sei nach Alexandria gereist und habe dort einige Zeit in der berühmten Bibliothek studiert. Seine Lehrer in Ägypten waren wahrscheinlich Schüler von Euklid; in einer Schrift erwähnt er seine Freunde in Alexandria, zu denen vermutlich auch Eratosthenes gehörte (s. S. 62/63).

Der Heureka-Moment

Über Archimedes' Leben gibt es nur wenige gesicherte Kenntnisse, aber viele großartige Geschichten. Die vielleicht berühmteste handelt von einer goldenen Krone, die König Hiero II. von Sizilien (270–215 v. u. Z.), vermutlich ein Verwandter von Archimedes, geschenkt bekam.

Hiero wollte wissen, ob die Krone aus reinem Gold oder einer Legierung bestand. Archimedes hätte die Frage schnell beantworten können, wenn die Krone ein Würfel gewesen wäre oder eine andere regelmäßige Form gehabt hätte, aber leider war sie, wie bei Kronen üblich, unregelmäßig geformt.

Da er wusste, dass die einzelnen Metalle eine unterschiedliche Dichte haben – das heißt, das gleiche Volumen ist unterschiedlich schwer –, musste er nur das Gewicht der Krone mit dem des gleichen Volumens an Gold vergleichen. Doch wie ermittelt man das Volumen eines unregelmäßig geformten Gegenstandes?

Die Frage brachte ihn vermutlich ins Schwitzen, denn nun entschloss sich Archimedes, das berühmteste Bad der Geschichte zu nehmen. Als er in die Wanne stieg, stellte er fest, dass das Wasser stieg. Er überlegte, dass die Hebung des Wasserspiegels dem von seinem Körper verdrängten Volumen entsprechen musste, und ihm wurde klar, dass er die Lösung für das Problem gefunden hatte. Er war so aufgeregt, dass er auf die Straße lief und „Heureka!" rief – griechisch für „ich habe es gefunden".

Der Todesstrahl

Eine andere faszinierende Geschichte: Als Syrakus durch die römische Invasion bedroht war, soll Archimedes der Legende nach Soldaten mit blank polierten Schilden aus Kupfer in Form einer Parabel (s. S. 96/97) rund um die Bucht vor der Stadt aufgestellt haben. Als die römische Flotte sich näherte, lenkten die Männer die reflektierten Sonnenstrahlen auf ein Schiff, das daraufhin in Flammen aufging.

In späteren Jahren wurde diese Geschichte mehrmals überprüft, zuletzt im Rahmen der TV-Sendung „MythBusters". Dass das Kunststück klappte, war unwahrscheinlich, aber nach dem gleichen Prinzip werden auch TV-Signale aufgefangen. Die Satellitenschüssel lenkt die Signale zum Empfänger, der sich an einem Arm in ihrem Brennpunkt befindet.

Archimedes hatte sich gerade in ein mathematisches Problem vertieft und deshalb nicht bemerkt, dass die Stadt erobert war. Als ein römischer Soldat zu ihm kam und ihm befahl, zu Marcellus zu kommen, lehnte er ab. Der Soldat stach ihn nieder, aber noch im Tod flehte Archimedes: „Störe meine Kreise nicht."

Störe meine Kreise nicht!

Diese letzte Geschichte soll sich bei Archimedes' Tod zugetragen haben. Während der Belagerung von Syrakus gab der römische Feldherr Marcellus ausdrücklich die Anweisung, dem Wissenschaftler kein Leid zuzufügen.

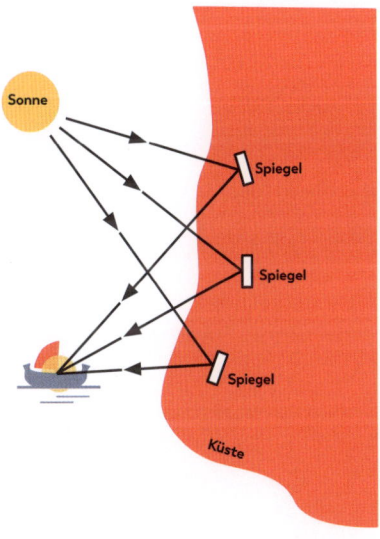

Sonne

Spiegel

Spiegel

Spiegel

Küste

Archimedes' Wärmestrahlen Das Prinzip erinnert an kleine Jungen mit Vergrößerungsgläsern: Angeblich gelang es Archimedes, die Wärmestrahlung der Sonne konzentriert auf einen Punkt zu lenken.

WICHTIGE WERKE

Über das Gleichgewicht der Ebenen
Ein zweibändiges Werk über Schwerpunkte und Hebel.

Über die Messung eines Kreises
Fragment eines längeren Werkes, das u.a. Archimedes' ungefähre Abschätzung von π enthält (s. S. 18/19).

Über Schrauben
Enthält eine Beschreibung der „archimedischen Schraube".

Über Kugeln und Zylinder
Beweist, dass das Volumen einer einbeschriebenen Kugel zwei Drittel des Volumens des zugehörigen Zylinders beträgt. Eine Kugel und ein Zylinder wurden, in Stein gehauen, auf Archimedes' Grab angebracht.

Über die Sandzahl
Hier schätzte Archimedes ab, wie viele Sandkörner nötig wären, um das Universum zu füllen. Zu diesem Zweck musste er ein System zur Darstellung sehr großer Zahlen schaffen.

Über schwimmende Körper
Archimedes erläutert darin sein Auftriebsgesetz.

Archimedische Körper

Die bereits erwähnten platonischen Körper sind regelmäßig: All ihre Flächen gleichen sich genau. Die nach Archimedes (s. S. 58/59) benannten Körper nennt man halbregelmäßig, weil sie mindestens zwei Arten von Flächen besitzen.

Die archimedischen Körper haben zwar unterschiedliche Flächen, ihre Ecken sind aber alle gleich. Diese Körper sehen seltsamer aus und sind uns im Alltag sicher nicht so vertraut wie die platonischen Körper. Betrachtet man aber die Zahl der Flächen, Kanten und Ecken, so erkennt man die gleiche Gesetzmäßigkeit wie bei den platonischen Körpern: $F + E - K = 2$.

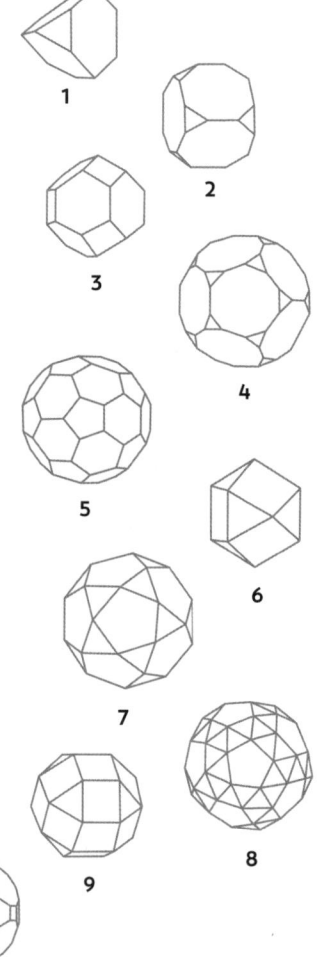

Die archimedischen Körper sehen seltsam aus, aber einer sollte uns ein wenig vertrauter vorkommen. Die fünfte Form ist eigentlich ein Fußball – spielen wir eine Runde Ikosaederstumpf-Ball!

ECKEN UND KANTEN: DIE ARCHIMEDISCHEN KÖRPER

Name	Zahl der Flächen	Zahl der Ecken	
1. Tetraederstumpf	8 (4 Dreiecke, 4 Sechsecke)	12	18
2. Hexaederstumpf	14 (8 Dreiecke, 6 Achtecke)	24	36
3. Oktaederstumpf	14 (6 Quadrate, 8 Sechsecke)	24	36
4. Dodekaederstumpf	32 (20 Dreiecke, 12 Zehnecke)	60	90
5. Ikosaederstumpf	32 (12 Fünfecke, 20 Sechsecke)	60	90
6. Kuboktaeder	14 (8 Dreiecke, 6 Quadrate)	12	24
7. Ikosidodekaeder	32 (20 Dreiecke, 12 Fünfecke)	30	60
8. Abgeschrägtes Dodekaeder	92 (80 Dreiecke, 12 Fünfecke)	60	150
9. Kleines Rhomben-kuboktaeder	26 (8 Dreiecke, 18 Quadrate)	24	48
10. Großes Rhomben-ikosidodekaeder	62 (30 Quadrate, 20 Sechsecke, 12 Zehnecke)	120	180
11. Kleines Rhomben-ikosidodekaeder	62 (20 Dreiecke, 30 Quadrate, 12 Fünfecke)	60	120
12. Großes Rhomben-kuboktaeder	26 (12 Quadrate, 8 Sechsecke, 6 Achtecke)	48	72
13. Abgeschrägtes Hexaeder	38 (32 Dreiecke, 6 Quadrate)	24	60

Eratosthenes

Es ist erstaunlich, wie lange die Vorstellung von einer flachen Erde im mittelalterlichen Europa trotz einer Fülle gegenteiliger Indizien überlebte. Erstens verschwinden Schiffe nach und nach hinter dem Horizont. Zweitens sehen die Sonne, der Mond und in geringerem Maße auch die Sterne rund aus. Und drittens schließlich wirft die Erde bei Sonnen- und Mondfinsternissen einen runden Schatten. Das wussten schon die Wissenschaftler der Antike, aber später ging die Erkenntnis eigenartigerweise verloren.

Das Leben des Eratosthenes

Der griechische Mathematiker und Astronom Eratosthenes wurde 276 v.u.Z. in Kyrene im heutigen Libyen geboren. Mit seinem Namen verbinden sich viele Errungenschaften. Als Astronom berechnete er den Umfang der Erde sowie ihre Entfernung zum Mond und zur Sonne.

Als Mathematiker wurde er durch das „Sieb des Eratosthenes" bekannt, eine Methode zur Ermittlung von Primzahlen. Als Geograf zeichnete er die ersten Landkarten der damals bekannten Welt und kartierte den Nil. Darüber hinaus verdanken wir Eratosthenes einen Kalender mit einem Schaltjahr. Angesichts solcher Leistungen ist es vielleicht ein wenig gemein, dass Eratosthenes den Spitznamen „Beta" („der Zweite") erhielt, weil er in vielen Dingen gut, aber in keinem der Beste war. Im Alter war Eratosthenes

Eratosthenes' scharfsinnige Methode zur Berechnung des Erdumfangs anhand der Schatten zur Sommersonnenwende.

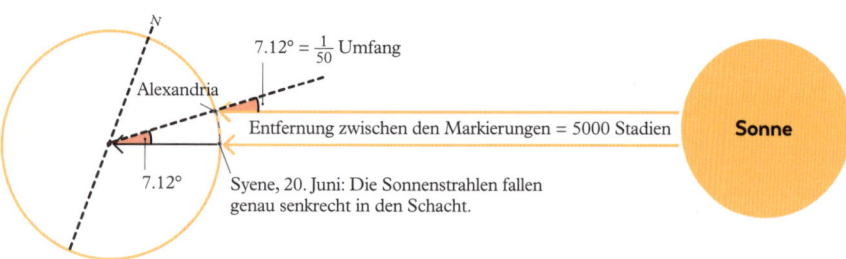

7.12° = $\frac{1}{50}$ Umfang

Alexandria

Entfernung zwischen den Markierungen = 5000 Stadien

Sonne

7.12°

Syene, 20. Juni: Die Sonnenstrahlen fallen genau senkrecht in den Schacht.

blind; im Jahr 194 v.u.Z. soll er Selbstmord durch Verhungern begangen haben.

Rund um die Welt

Eratosthenes' Berechnung des Erdumfangs ist eindrucksvoll, angesichts der vielen Variablen und Fehlermöglichkeiten bestehen allerdings Zweifel an ihrer Aussagekraft. Dennoch ist sie eine hervorragende mathematische Übung.

Eratosthenes bemerkte, dass es zur Sommersonnenwende um die Mittagszeit in der ägyptischen Stadt Syene (dem heutigen Assuan) keine Schatten gab. (In Wirklichkeit müssen die Gegenstände doch kleine Schatten geworfen haben, denn Assuan liegt ein wenig nördlich vom Wendekreis des Krebses.) Dann maß er den Schattenwinkel zur Sommersonnenwende in Alexandria: Er betrug 7° 12' oder 7,2° – eine sehr genaue Messung. Dies entsprach $\frac{7,2°}{360°}$ oder $\frac{1}{50}$ des Erdumfangs. Das war der einfache Teil.

Nun wusste er also, dass die Entfernung von Syene nach Alexandria $\frac{1}{50}$ des Erdumfangs betrug, aber wie weit ist es von Syene nach Alexandria? Eratosthenes erklärte, es seien 5000 Stadien, aber wie lang ist ein Stadion? Verschiedene Schätzungen für diesen Wert schwanken zwischen 157 und 185 Metern. Die Entfernung von Alexandria nach Assuan beträgt 843 Kilometer; dividiert man dies durch 5000, erhält man für ein Stadion eine Strecke von 169 Metern, vorausgesetzt, man bewegt sich während der Messung auf kürzestem Weg von einem Ort zum anderen. Diese Annahme ist aber unrealistisch: Eratosthenes erklärte, Alexandria liege nördlich von Syene, in Wirklichkeit liegt es aber im Nordwesten. Außerdem muss man bedenken, dass eine Reise in gerader Linie ohne unsere modernen Verkehrsmittel recht schwierig wäre, weil sowohl die Wüste als auch der gewundene Nil im Wege sind.

Nehmen wir also alle denkbaren Fehlermöglichkeiten – es gibt übrigens noch mehr – als gegeben hin, und berechnen wir den höchsten und die niedrigsten möglichen Wert für den Erdumfang. Wenn 5000 Stadien $\frac{1}{50}$ des Erdumfangs entsprechen, beträgt der gesamte Umfang 250 000 Stadien. Bei 157 Metern je Stadion kommt man damit auf einen Erdumfang von 39 250 Kilometern; bei 185 Metern je Stadion beträgt er 46 250 Kilometer. Heute wissen wir, dass der Erdumfang knapp über 40 000 Kilometer liegt; das erste Ergebnis ist also nur um wenige Prozent zu niedrig, das zweite um ungefähr 16 Prozent zu hoch. Alles in allem eine erstaunlich genaue Schätzung.

Porträt

Diophantos

Diophantos ist eine weitere rätselhafte Gestalt aus der Antike. Manche Mathematiker bezeichnen ihn wegen seines Werkes *Arithmetica* als „Vater der Algebra", andere verleihen diesen Titel an al-Chwarizmi (s. S. 86/87). Diophantos' Anspruch auf den Titel beruht darauf, dass in seinen Werken der Übergang von einer sprachlich formulierten Mathematik zu den Symbolen stattfand, die wir heute kennen und in unserer Arbeit verwenden.

Das Rätsel des Diophantos

Auch über Diophantos von Alexandria wissen wir eher wenig. Schon seine Lebensdaten ausfindig zu machen, ist ausgesprochen schwierig; unsere Erkenntnisse über ihn stammen zum größten Teil aus Sekundärquellen und seinen erhalten gebliebenen Schriften.

Diophantos lebte im 3. Jahrhundert in Alexandria. Seine Geburt wird meist in die Zeit um 200 u. Z. verlegt, und angeblich starb er ungefähr 84 Jahre später. Dass er 84 Jahre alt wurde, ergibt sich aus dem „Rätsel des Diophantos", das sich in einer griechischen Anthologie mit Zahlenspielen aus dem 5. Jahrhundert findet. Es gibt davon viele geringfügig unterschiedliche Übersetzungen, sehr hübsch ist aber die folgende:

Hier dies Grabmal deckt Diophantos.
　　Schauet das Wunder!

Durch des Entschlafenen Kunst lehret sein
　　Alter der Stein.

Knabe zu sein, gewährte ihm Gott ein
　　Sechstel des Lebens;

Noch ein Zwölftel dazu, sprosst' auf der
　　Wange der Bart;

Dazu ein Siebentel noch, da schloss er das
　　Bündnis der Ehe,

Nach fünf Jahren entsprang aus der
　　Verbindung ein Sohn.

Wehe, das Kind, das viel geliebte, die Hälfte
　　der Jahr

Hat es des Vaters erreicht, als es dem
　　Schicksal erlag.

Drauf vier Jahre hindurch mit der Großen
　　Betrachtung

Den Kummer von sich scheuchend, kam
　　auch er ans irdische Ziel.

Dem Rätsel zufolge lebte Diophantos 84 Jahre, aber eine Textaufgabe stellt nicht gerade eine zuverlässige Quelle dar. Andererseits haben wir nichts anderes, und das ist der Grund für die unsicheren Kenntnisse über sein Leben. Dennoch lohnt es sich, das Rätsel zu lösen. Wenn wir sein Alter zur Zeit seines Todes als x bezeichnen, lautet die Gleichung zum Auffinden dieser Zahl:

$$x = \frac{x}{6} + \frac{x}{12} + \frac{x}{7} + 5 + \frac{x}{2} + 4$$

Zunächst sammeln wir alle x auf einer Seite:

$$x - \frac{x}{6} - \frac{x}{12} - \frac{x}{7} - \frac{x}{2} = 9$$

Als Nächstes ermitteln wir den kleinsten gemeinsamen Nenner der Brüche – er lautet 84 – und schreiben die Gleichung um:

$$\frac{84x}{84} - \frac{14x}{84} - \frac{7x}{84} - \frac{12x}{84} - \frac{42x}{84} = 9$$

Jetzt subtrahieren wir die Zähler und erhalten

$$\frac{9x}{84} = 9$$

Zum Schluss multiplizieren wir beide Seiten mit 84 und dividieren durch 9. Das ergibt

$$x = 84$$

WICHTIGE WERKE

Arithmetica

Dies ist eine Sammlung von Aufgaben, die numerische Lösungen für bestimmte (auf die Lösung mit einer Variablen begrenzte) und unbestimmte (mit einer unendlichen Zahl von Lösungen bei mindestens zwei Variablen) Gleichungen boten. Die *Arithmetica* gliedert sich in 13 Bücher, von denen sechs bis heute erhalten sind. Bei vier weiteren arabischen Büchern handelt es sich nach Ansicht mancher Fachleute um Übersetzungen des Werks von Diophantos. In dem Werk werden unter anderem Probleme mit linearen und quadratischen Gleichungen gelöst, Diophantos berücksichtigte aber nur positive rationale Lösungen; die Null und negative Zahlen kamen bei ihm nicht vor. (Wenn wir die negativen Zahlen auf unserem Bankkonto ignorieren könnten, wäre das Leben viel einfacher!) Die Bücher wurden 1570 von Bombelli (s. S. 111) ins Lateinische übersetzt und haben bis heute Einfluss auf die europäische Mathematik. Eine 1621 entstandene Übersetzung des französischen Mathematikers Claude Bachet, der auch selbst Bücher über mathematische Rätsel schrieb, veranlasste Pierre de Fermat (ca. 1601–1665) zu der Randbemerkung: „Ich habe einen wirklich großartigen Beweis gefunden, aber der Rand ist dafür zu schmal." Mehr als 300 Jahre mussten vergehen, bevor Mathematiker „Fermats letztes Theorem" lösten.

Porismen (verschollen)

In der *Arithmetika* erwähnt Diophantos ein weiteres Werk mit dem Titel *Porismen*. Dieses ist vollständig verloren gegangen, Fragmente eines anderen Werks namens *Über die Polygonalzahlen* sind aber noch erhalten.

Übung 9

Diophantische Gleichungen

DIE AUFGABE:

Onkel Dagobert kauft Ostereier. Er braucht Eier für Tick, Trick und Track in einem Haus und für Donald, Daisy und Pluto in einem anderen. Beide Häuser müssen die gleiche Zahl von Ostereiern bekommen und für Pluto müssen es genau sechs Eier sein. Finde alle möglichen Zahlen der Eier, die er verschenken kann.

DIE METHODE:

Als Erstes muss man verstehen, dass es für dieses Problem nicht nur eine Lösung gibt, sondern viele. Die Zahl der Lösungen ist sogar unendlich groß. Zudem beschränken sich die Lösungen auf natürliche Zahlen (s. S. 14). Wenn man nicht gerade ausgesprochen niederträchtig ist, wird man keine negative Zahl von Eiern verteilen, ebenso kommen halbe Eier oder ein Anteil von $\sqrt{2}$ eines Eies nicht in Betracht. Solche Gleichungen bezeichnet man nach Diophantos, den wir gerade kennengelernt haben, als diophantische Gleichungen.

Eine diophantische Gleichung ist unbestimmt (das heißt, sie hat unendlich viele Lösungen), für die Variablen gibt es aber nur ganzzahlige Lösungen. In unserem Beispiel begeben wir uns zurück zur Quelle.

Heute sind als Lösungen für diophantische Gleichungen alle ganzen Zahlen zugelassen, Diophantos selbst jedoch ließ die Null nicht zu und hielt negative Zahlen für absurd.

Zur Lösung unserer Beispielaufgabe können wir eine Gleichung aufstellen. Darin ist x die Zahl der Eier, die Tick, Trick und Track jeweils erhalten. Die Gesamtzahl der Eier für dieses Haus beträgt also $3x$. Ist y die Zahl der Eier, die Donald und Daisy jeweils bekommen, erhält dieses Haus insgesamt $2y + 6$ Eier (denn wir dürfen Pluto nicht vergessen). Sollen beide Haushalte die gleiche Zahl von Eiern erhalten, ist $3x = 2y + 6$ oder $3x - 2y = 6$.

Dies ist die übliche Form einer Gleichung für eine Gerade. Um sie zu zeichnen, müssen wir die Schnittpunkte mit der x- und y-Achse finden. Den

Schnittpunkt mit der x-Achse finden wir, wenn wir den y-Term entfernen: $3x = 6$, der Schnittpunkt mit der x-Achse ist also 2. Entsprechend entfernen wir zum Auffinden des Schnittpunkts mit der y-Achse den x-Term: $-2y = 6$, der Schnittpunkt mit der y-Achse ist -3. An diesen Stellen schneidet die Gerade die x- und y-Achse.

Die Abbildung unten links zeigt die Gerade; wie man leicht erkennt, verläuft sie durch „ganzzahlige Lösungen" (Punkte, die auf dem Millimeterpapier ganzen Zahlen entsprechen). In dem Diagramm läuft sie durch (2,0) und (4,3), aber auch durch viele – sogar unendlich viele – andere Punkte zwischen diesen beiden Punkten, und sie erstreckt sich weiter in beide Richtungen.

Für diophantische Gleichungen sind rationale oder irrationale Lösungen ohne Bedeutung; man interessiert sich nur für ganze Zahlen. Aber auch die Zahl solcher ganzzahligen Lösungen ist unendlich; wenn man einen Punkt hat, sind die anderen leicht zu finden. Um vom Punkt (2,0) zum Punkt (4,3) zu gelangen, bewegt man sich einfach um 3 Schritte nach oben und 2 nach rechts; die nächste diophantische Lösung (nach rechts) befindet sich wiederum 3 Schritte höher und 2 weiter nach rechts bei (6,6). Diese Gesetzmäßigkeit setzt sich in beide Richtungen unendlich fort. Da wir eine unendliche Zahl von Lösungen nicht aufschreiben können, schreiben wir $(2 + 2n, 0 + 3n)$, wobei n eine ganze Zahl ist. Bei $n = 1$, haben wir also (4,3); mit $n = 2$ gelangen wir zu (6,6), mit $n = 3$ zu (8,9) und so weiter.

DIE LÖSUNG:

Tick, Trick und Track erhalten jeweils $2 + 2n$ Eier, Donald und Daisy bekommen je $0 + 3n$ Eier, und Pluto bekommt sechs Eier. (Wobei es zu beachten gilt, dass n eine natürliche Zahl ist.)

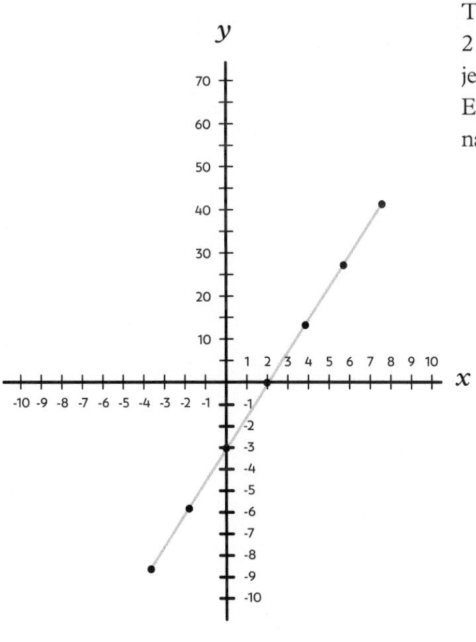

GRAPH 1
$(2 + 2n, 0 + 3n)$

Diophantische Gleichungen haben ganzzahlige Lösungen; wir können zwar eine Gerade zeichnen, zulässig sind aber nur die Punkte, die Lösungen mit natürlichen Zahlen entsprechen.

Kapitel 3

Ägypten, Indien und Persien

Wie zu Beginn des vorherigen Kapitels bereits erwähnt wurde, macht uns die Konzentration auf die alten Griechen möglicherweise blind für die Fortschritte der Mathematik in anderen Regionen. In Wirklichkeit trugen wichtige Personen wie Brahmagupta, al-Chwarizmi und Omar Chayyam, aber auch viele andere Mathematiker aus dem Mittleren Osten, eine Menge zu unseren modernen mathematischen Kenntnissen bei. Man kann sogar mit Fug und Recht behaupten, dass ihre Leistungen noch größer waren als die der Griechen.

Ägyptische Mathematik

Im alten Ägypten war die Mathematik bereits recht hoch entwickelt. Das System beruhte wie unseres auf der Zahl 10, Werte wurden aber nicht durch die Stellung symbolisiert. Es gab vielmehr verschiedene Symbole für 1, 10, 100, 1000, 10.000, 100.000 und eine Million. Besonders gefällt mir der kniende Mann für die Million. Ich stelle mir immer einen Ägypter vor, der auf die Knie fällt und ruft: „Ich habe eine Million gewonnen … ich bin reich!"

Altägyptische Arithmetik

Die Abbildung unten zeigt die altägyptischen Zahlen-Hieroglyphen. Andere Zahlen lassen sich mit ihnen sehr einfach darstellen. ∣ bedeutet 1, jede Zahl bis 9 lässt sich also mit der entsprechenden Zahl von ∣s wiedergeben. ∣∣∣ bedeutet zum Beispiel 3.

Auch größere Zahlen lassen sich leicht schreiben: Bei der nächsthöheren Hieroglyphe angelangt, benutzt man diese zuerst. 123 würde man z.B. als e∩∩∣∣∣ schreiben.

Beim ebenfalls einfachen Addieren und Subtrahieren benutzte man ganz ähnlich wie heute ein System des Vorziehens. Addieren wir einmal die Zahlen 28 und 103, in ägyptischen Zeichen ∩∩∣∣∣∣∣∣∣∣ (28) und e∣∣∣ (103).

Durch Addieren der Einser erhalten wir 11, d.h. eine 1 und eine 10 oder ∣∣∣∣∣∣∣∣∣∣∣ = ∩∣; das entspricht dem Vorziehen in unserer Zehnerarithmetik. Dann machen wir mit den Zehnern und Hundertern das Gleiche. Wir erhalten

$$28 + 103 = 131 \text{ oder } ∩∩∣∣∣∣∣∣∣∣ + e∣∣∣ = e∩∩∩∣$$

Multiplikation und Division sind ein wenig komplizierter, aber die Methode ist ganz interessant. Die Ägypter verdoppelten immer wieder eine der beiden Zahlen. Probieren wir es mit 11 • 26:

∩∩∣∣∣∣∣∣ = einmal 26
∩∩∩∩∩∣∣ = zweimal 26
e∣∣∣∣ = viermal 26
ee∣∣∣∣∣∣∣∣ = achtmal 26

Um elfmal 26 zu berechnen, addiert man die so dargestellten achtmal 26, zweimal 26 und einmal 26. Insgesamt haben wir 16 Einser, also ziehen wir 10 zum nächsten Symbol vor; es bleiben sechs Einser. Nun haben wir acht Zehner und zwei Hunderter; dies kann man schreiben als

ee∩∩∩∩∩∩∩∩∩∣∣∣∣∣∣ = 286

Brüche im alten Ägypten

Die alten Ägypter konnten auch mit Brüchen rechnen. Einen Bruch stellten sie mit einem „Augensymbol" über dem Symbol für den Teiler dar. $\frac{1}{2}$ wurde also als $\overset{\frown}{∣∣}$ geschrieben, $\frac{1}{10}$ als $\overset{\frown}{∩}$.

Damit waren die Ägypter allerdings auf Brüche mit der Zahl 1 als Zähler beschränkt. Zur Darstellung anderer

Brüche addierten sie solche Einserbrüche. $\frac{5}{6}$ wäre beispielsweise $\frac{1}{2} + \frac{1}{3}$ oder $\overset{\frown}{\text{II}} + \overset{\frown}{\text{III}}$.

Nach Ansicht mancher Fachleute geht die griechische Praxis, solche Einserbrüche zu benutzen, auf die alten Ägypter zurück.

ÄGYPTISCHE ZAHLENHIEROGLYPHEN

Interessanterweise bedienten sich die Ägypter anders als später die Griechen und Römer eines Systems auf der Basis der Zahl 10. Bei Griechen und Römern gab es auch Symbole für Werte wie 5, 50 und so weiter. Das Zehnersystem kam erst viele Jahrhunderte später aus dem Osten wieder ins Abendland.

1	10	100	1000	10.000	100.000	1.000.000

DIE PAPYRI RHIND UND MOSKAU

Der Papyrus Rhind ist nach dem schottischen Ägyptologen A. Henry Rhind benannt, der ihn 1858 in Ägypten kaufte. Es handelt sich um eine etwa 6 m lange und 30 cm breite Schriftrolle. Verfasst wurde er um 1650 v. u. Z. von dem Schreiber Ahmes; dieser bezeichnete ihn als Kopie eines nochmals um einige Jahrhunderte älteren Textes. Der Inhalt des Papyrus stammt also vermutlich aus der Zeit um 1850 v. u. Z.

Der Papyrus Rhind enthält etwa 87 Aufgaben; das Spektrum reicht von grundlegender Arithmetik – Multiplikation und Division waren mit ägyptischen Zahlzeichen allerdings nicht ganz einfach – bis zu Geometrie und dem Lösen von Gleichungen. Die Gleichungen in dem Papyrus sehen jedoch nicht so aus wie die, welche wir heute kennen – das, was wir unter Algebra verstehen, lag noch um Jahrhunderte in der Zukunft.

Der Papyrus Moskau ist 5,44 Meter lang und 8 cm breit. Er enthält 25 vorwiegend geometrische Aufgaben.

Der Papyrus Moskau befindet sich heute im Puschkin-Museum für bildende Künste in Moskau; der Papyrus Rhind gehört dem Britischen Museum in London.

Übung 10

Vervollständigung des Quadrats

DIE AUFGABE:

Für quadratische Gleichungen (mit x^2 als Leitterm) gibt es in der Praxis viele Anwendungsmöglichkeiten. Hier wollen wir in groben Umrissen ihre Bedeutung für die Gravitation betrachten. In der ersten Aufgabe werfen Noel und Liam sich über einen Zaun hinweg Bälle zu. Ein von Noel geworfener Ball beschreibt eine Parabel (s. S. 96/97), die man als $h = -x^2 - 6x + 40$ darstellen kann; h ist die Höhe und x der Abstand (in m) links und rechts vom Zaun. Wie weit hinter dem Zaun stand Noel, als er den Ball warf, und wie weit jenseits des Zauns fiel dieser zu Boden?

DIE METHODE:

Quadratische Gleichungen kann man auf vielen Wegen lösen. Einen davon, die Vervollständigung der Quadrate, wollen wir zunächst aus geometrischer Sicht betrachten. Zunächst einmal wollen wir ja wissen, wo der Ball zu Boden fällt. Der Boden hat die Höhe 0, also ist $h = 0$. Damit lautet die Gleichung

$$0 = -x^2 - 6x + 40$$

Zur Vereinfachung addieren wir auf beiden Seiten x^2 und $6x$:

$$x^2 + 6x = 40$$

Das hilft uns, denn die positiven Zahlen ermöglichen eine geometrische Lösung. Jetzt kann x^2 ein Quadrat mit der Kantenlänge x darstellen, und $6x$ ist ein Rechteck mit den Seitenlängen 6 und x.

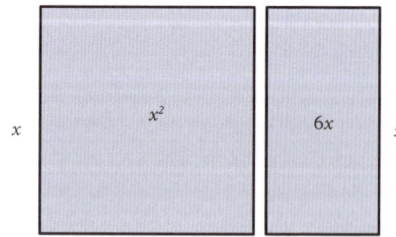

Addiert man diese beiden Formen entsprechend der linken Seite der Gleichung ($x^2 + 6x$ …), so erhält man ein Rechteck mit den Seitenlängen x und $x + 6$ oder mit anderen Worten $x \cdot (x + 6)$. An dieser Stelle könnten wir raten, wie groß x ist; wenn wir Glück haben, handelt es sich um eine ganze Zahl. Ist sie aber rational oder irrational, wird die Sache komplizierter.

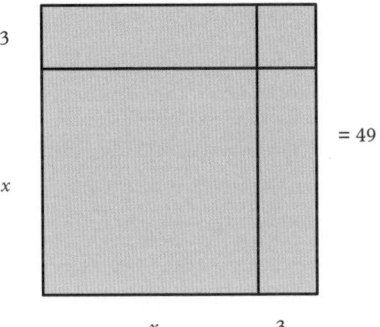

Wir „vervollständigen das Quadrat" und kein Rechteck; also müssen wir das Rechteck $6x$ in zwei gleiche Rechtecke $3x$ zerlegen und diese an zwei Seiten des Quadrats anfügen:

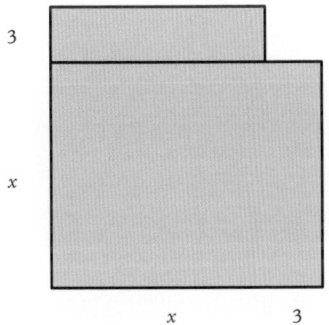

Jetzt vervollständigen wir das Quadrat durch Auffüllen der rechten oberen Ecke. Das kleine Quadrat misst 3 mal 3, wir stellen also durch einfache Multiplikation fest, dass wir 9 addieren müssen – wie gesagt: immer auf beiden Seiten der Gleichung.

Wir erhalten:

$$(x + 3)^2 = 49$$

Jetzt müssen wir fragen: Welche Zahl ergibt, ins Quadrat erhoben, 49? Nun, $7^2 = 49$; $x + 3$ muss also 7 sein, das heißt, $x = 4$.

Das hört sich plausibel an, aber es gibt für x noch einen anderen Wert, der mit diesem geometrischen Ansatz nicht ohne Weiteres zu erkennen ist. Diophantos (s. S. 64/65) hielt negative Lösungen für absurd, in der theoretischen Mathematik jedoch gibt es sie, und man muss sie berücksichtigen. In diesem Fall ist $(-7)^2$ ebenfalls gleich 49, $x + 3$ ist also auch gleich -7, und dann ist $x = -10$. Ein Quadrat mit der Seitenlänge -10 zu zeichnen, ist allerdings ganz schön schwierig – daher die Abneigung gegen negative Zahlen, wenn man die Aufgabe nur aus geometrischer Sicht betrachtet.

DIE LÖSUNG:

Die Werte -10 und 4 bedeuten, dass Noel 10 Meter links vom Zaun stand, als er den Ball warf, und dieser landete 4 Meter rechts vom Zaun. (Ob er Liam traf, ist damit nicht geklärt.)

Indische Mathematik

Wir alle verwenden im Alltag Zahlen, aber meist denken wir nicht darüber nach, woher sie stammen. Die Etymologie der Wörter und die Entwicklung unserer Sprache sind uns vertrauter. Andererseits spielen Zahlen in unserem Leben eine wichtige Rolle; warum also fragen wir uns so selten, woher sie stammen?

Die indischen Sulbasutras

Sulbasutras handeln von der Anwendung der Mathematik bei der Konstruktion religiöser Bauwerke. Im Baudhayana-Sulbasutra (ca. 800–740 v. u. Z.) wird der Satz des Pythagoras behandelt – oder eigentlich ein Sonderfall davon, das gleichschenklige Dreieck. Die Benennung nach Pythagoras, der erst 200 Jahre später geboren wurde, zeigt wieder einmal unsere eurozentrische Sichtweise auf die Welt der Mathematik. Im Katyayana-Sulbasutra (ca. 200–140 v. u. Z.) wird der Satz ohne Einschränkungen behandelt, dies jedoch erst nach Pythagoras' Zeit.

Schon etwas früher geben das Apastamba- und das Katyayana-Sulbasutra (6. und 2. Jahrhundert v. u. Z.) für die Quadratwurzel von 2 (s. S. 32) den Wert $\frac{577}{408}$ an, der bis auf die fünfte Dezimalstelle stimmt.

Da sich diese Texte mit dem Bauwesen befassen, spielen auch Kreise eine Rolle. Interessanterweise schwanken die Näherungswerte für π (zwischen ungefähr 3 und 3,2), je nachdem, um was für eine Berechnung es sich handelt. Da es in den Sulbasutras um praktische Anwendungen ging, waren die exakten Werte wahrscheinlich nicht erforderlich.

Die indischen Ziffern

Über die eigentliche Bedeutung der indischen Mathematik schrieb der französische Mathematiker Pierre-Simon Laplace (1749–1827): „Indien schenkte uns die geniale Methode, alle Zahlen mit zehn Symbolen auszudrücken, von denen jedes sowohl einen Stellenwert als auch einen absoluten Wert erhält; eine weitreichende, wichtige Idee, die uns heute so einfach erscheint, dass wir ihr wahres Verdienst nicht zur Kenntnis nehmen. Aber gerade ihre Einfachheit und die Tatsache, dass sie Berechnungen so leicht macht, verschaffen unserer Arithmetik die erste Stellung unter den nützlichen Erfindungen; umso mehr sollten wir diese großartige Leistung zu schätzen wissen, wenn wir uns daran erinnern, dass sie dem Genie von Archimedes und Apollonius entging, zwei der klügsten Männer, welche die Antike hervorbrachte." (Zitiert in H. Eves, *Return to Mathematical Circles*, 1988.)

Laplace hatte recht. Man stelle sich nur vor, wir würden heute noch mit römischen Zahlen arbeiten. Dann hätten sich unsere Fortschritte sicher stark verzögert. Schon die ägyptischen Zahlen, die immerhin ein System auf der Grundlage der 10 bildeten, machten das Multiplizieren schwierig. Mit römischen Zahlen war es noch schlimmer.

Die Brahmi-Ziffern, die ungefähr 250 v.u.Z. in Gebrauch kamen, gehörten ebenfalls zu einer Art Zehnersystem. In diesem gab es unterschiedliche Symbole für die ersten neun Zahlen sowie eigene Symbole für Vielfache von 10 und 100. Anders gesagt: Es gab jeweils ein Symbol für 20, 30, 400, 500 und so weiter. Im 7. Jahrhundert u.Z., ungefähr zur Zeit von Brahmagupta (s. S. 78/79), setzte sich ein Zehner-Stellenwertsystem durch. Die Ägypter hatten auch ein Zehnersystem, in dem aber die Stellung nichts bedeutete, während die Babylonier ein Stellensystem besaßen, das aber die 60 als Grundlage hatte.

Indische Mathematik

Die Sulbasutras repräsentieren bereits ein beträchtliches mathematisches Wissen, aber wie die Ägypter konzentrierten sie sich ausschließlich auf die praktische Anwendung. Jetzt machen wir einen Sprung in das Jahr 476 u.Z. und zur Geburt von Aryabhata.

Aryabhata schrieb das *Aryabhatiya* und fasste darin alle mathematischen Kenntnisse im Indien seiner Zeit zusammen. Das *Aryabhatiya* handelt von Arithmetik, Algebra, Trigonometrie und quadratischen Gleichungen; außerdem nennt es einen sehr genauen Wert für π (3,1416). Im 6. Jahrhundert fasste dann Varahamihira astronomische Erkenntnisse zusammen und untersuchte das Pascalsche Dreieck (s. S. 130–135) sowie Zauberquadrate (s. Kasten unten).

Als Nächster kam Brahmagupta (s. S. 78/79): Er lebte im 7. Jahrhundert, und seine Arbeiten wurden im 9. Jahrhundert durch Mahavira erweitert. Eine Generation später setzte Prthudakasvami

die Arbeit an quadratischen Gleichungen fort, und Sridhara (870–930 u.Z.) stellte als einer der Ersten eine allgemeine Formel für die Lösung quadratischer Gleichungen auf (s. S. 88/89), allerdings nur für eine Wurzel.

Auch danach machte die indische Mathematik weitere Fortschritte, aber im 13. Jahrhundert begann mit Fibonacci, der die arabischen Zahlen in Europa einführte, die Verlagerung nach Westen.

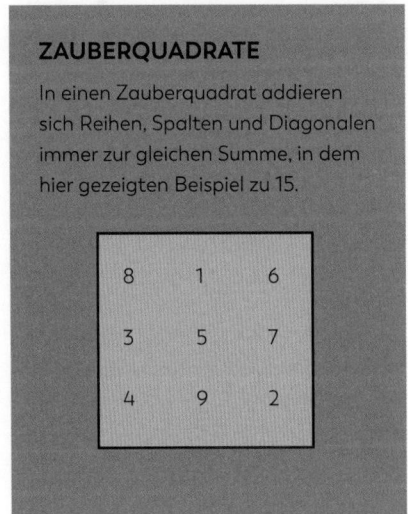

ZAUBERQUADRATE

In einen Zauberquadrat addieren sich Reihen, Spalten und Diagonalen immer zur gleichen Summe, in dem hier gezeigten Beispiel zu 15.

8	1	6
3	5	7
4	9	2

Übung 11

Noch einmal: Vervollständigung des Quadrats

DIE AUFGABE:

Mick und Keith werfen sich über einen Zaun hinweg Bälle zu. Ein von Mick geworfener Ball beschreibt eine Parabel, die man als $h = -x^2 - 6x + 40$ darstellen kann; dabei ist h die Höhe und x der Abstand (in m) links und rechts vom Zaun. Wie weit hinter dem Zaun stand Mick, als er den Ball warf, und wie weit jenseits des Zauns fiel der Ball zu Boden? Wir nehmen an, dass der Zaun den Nullpunkt darstellt.

DIE METHODE:

Diese Aufgabe kommt uns bekannt vor. Es gibt aber viele Wege zur Lösung quadratischer Gleichungen; die Unterschiede zwischen ihnen demonstriert man am besten anhand des gleichen Beispiels; dabei hoffen wir, dass wir zu der gleichen Lösung gelangen. Hier wollen wir das Quadrat unter algebraischen Aspekten vervollständigen.

Zunächst einmal wollen wir ja wissen, wo der Ball zu Boden fällt. Der Boden hat die Höhe 0, also ist $h = 0$. Damit lautet die Gleichung $0 = -x^2 - 6x + 40$. Zur Vereinfachung addieren wir auf beiden Seiten x^2 und $6x$:

$$x^2 + 6x = 40$$

Die Vervollständigung des Quadrats mithilfe der Algebra ähnelt der geometrischen Methode von S. 72/73, nur die Zeichnungen fehlen. Zunächst halbieren wir den Koeffizienten des linearen Gliedes (nämlich 6) und erhalten 3. Dies entspricht der Halbierung des Rechtecks in dem geometrischen Verfahren auf S. 72/73. Nun quadrieren wir die 3 und erhalten 9; diesen

Wert addieren wir auf beiden Seiten; das Ergebnis:

$$x^2 + 6x + 9 = 40 + 9$$

Die linke Seite lässt sich zerlegen in $(x + 3)(x + 3)$ oder $(x + 3)^2$; wir erhalten:

$$(x + 3)^2 = 49$$

Nun ziehen wir auf beiden Seiten die Quadratwurzel und erhalten:

$$\sqrt{(x + 3)^2} = \pm\sqrt{49}$$

Vor der $\sqrt{49}$ haben wir ein Plusminus-Zeichen, weil sowohl 7^2 als auch -7^2 gleich 49 ist. Die Quadratwurzel eines Quadrats ist die Zahl selbst, also heben sich die Quadrate auf; wir erhalten auf der linken Seite der Gleichung $(x + 3)$, und die

Wurzel aus 49 wird ± 7; damit haben wir:

$$(x + 3) = \pm 7$$

Wir subtrahieren auf beiden Seiten 3 und erhalten:

$$x = \pm 7 - 3$$

Dann berechnen wir die positive und die negative Lösung:

$$x = -7 - 3 = -10$$
$$x = +7 - 3 = 4$$

DIE LÖSUNG:

Mick stand 10 Meter links vom Zaun (negative Zahl) und der von dort geworfene Ball landete 4 Meter rechts vom Zaun (positive Zahl).

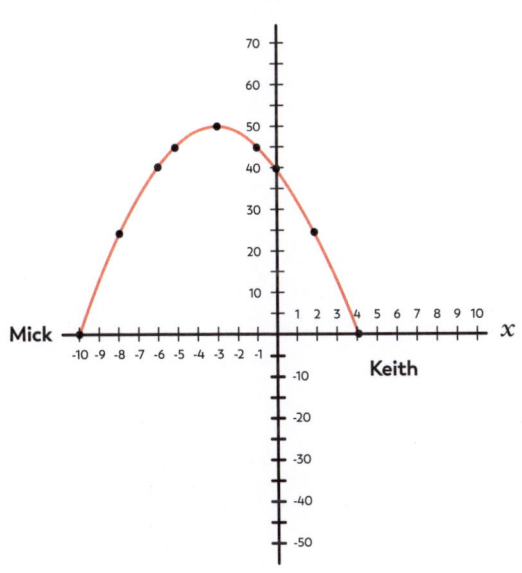

GRAPH 2
($h = -x^2 - 6x + 40$)

Der Graph zeigt die Parabel zur Gleichung. Wie man leicht erkennt, ist die Höhe bei -10 (wo Mick den Ball wirft) und bei +4 (wo er auf Keith' Seite landet) gleich 0. Mit der Gleichung kann man auch die Höhe des Balls an jeder Stelle zwischen den beiden Punkten berechnen und so die Flugbahn zeichnen.

77

Porträt

Brahmagupta

Brahmagupta verschaffte uns eine neue Sichtweise auf die Null. Bis zu seiner Zeit wurde die Mathematik durch ein Zahlensystem behindert, das die uns vertrauten Berechnungen wesentlich schwieriger machte. Die alten Ägypter hatten ein System mit der Basis 10, aber ohne Stellenwerte, und die Babylonier besaßen ein Stellenwertsystem. Unser heutiges Stellenwertsystem auf der Basis 10 jedoch verdanken wir den Indern. Brahmagupta untersuchte außerdem als einer der Ersten die Null nicht nur als Platzhalter, sondern auch als Zahl.

Brahmagupta wurde 598 u.Z. in der nordwestindischen Stadt Bhinmal nicht weit vom heutigen Pakistan geboren. Man ernannte ihn zum Leiter der Sternwarte von Ujjain – diese Stadt östlich von Bhinmal war ein Zentrum der Astronomie und Mathematik. Dort verfasste Brahmagupta mehrere Schriften. Am berühmtesten wurde das im Folgenden beschriebene *Brahmaphutasiddhanta*. Außerdem schrieb er *Cadamekela*, *Khandakhadyaka* und *Durkeamynarda*, aber über diese Werke wissen wir heute kaum noch etwas. Er starb 630 u.Z.

Das Brahmaphutasiddhanta

Im Jahr 628, mit 30 Jahren, schrieb Brahmagupta das Werk mit dem Zungenbrecher-Titel *Brahmaphutasiddhanta*, das großen Einfluss auf die abendländische Mathematik hatte. Die ersten zehn Kapitel sind wahrscheinlich ein älteres Werk von Brahmagupta, die nachfolgenden 15 sind

---

DIE BRAHMAGUPTA-GESETZE

Brahmaguptas Gesetze behandeln die Null nicht nur als Platzhalter, sondern als Zahl; auch negative Zahlen gelten als Zahlen und nicht als „Ausgestoßene", die man übergehen kann.

1. Eine Null, zu einer Zahl addiert, ergibt die Zahl.
2. Eine Null, von einer Zahl subtrahiert, ergibt die Zahl.
3. Eine Zahl mal Null ist Null.
4. Eine negative Zahl minus Null ist eine negative Zahl.
5. Eine positive Zahl minus Null ist eine positive Zahl.
6. Null minus Null ist Null.
7. Eine negative Zahl, von Null subtrahiert, ist eine positive Zahl.
8. Eine positive Zahl, von Null subtrahiert, ist eine negative Zahl.
9. Das Produkt aus Null und einer negativen oder positiven Zahl ist Null.
10. Das Produkt aus Null und Null ist Null.
11. Produkt oder Quotient aus zwei positiven Zahlen ist eine positive Zahl.
12. Produkt oder Quotient aus zwei negativen Zahlen ist eine positive Zahl.
13. Produkt oder Quotient aus einer negativen und einer positiven Zahl ist eine negative Zahl.
14. Produkt oder Quotient aus einer positiven und einer negativen Zahl ist eine negative Zahl.

Verbesserungen oder Erweiterungen dazu. Das *Brahmaphutasiddhanta* behandelt verschiedene Themen. Im Kapitel 12 geht es um diophantische Gleichungen (s. S. 66/67), Brahmagupta beschäftigt sich aber auch mit pythagoreischen Tripeln (s. S. 45) und einer Gruppe von Gleichungen, die heute als Pellsche Gleichungen bezeichnet werden (s. Kasten). Außerdem entwickelte er eine Gleichung für eine hübsche mathematische Kuriosität: das „Sehnenviereck", dessen Ecken alle die Innenseite eines Kreises berühren (s. unten).

Der bei Weitem wichtigste Abschnitt des *Brahmaphutasiddhanta* jedoch befasst sich mit der Null und negativen Zahlen. Er behandelt die Regeln für ganze Zahlen, die wir mit ungefähr zwölf Jahren lernen (s. links unten).

Im *Brahmaphutasiddhanta* werden die Null und negative Zahlen als mögliche Lösungen dargestellt. Zuvor, mit den geometrischen Verfahren, hatte man die Null und negative Zahlen entweder ignoriert oder als absurd angesehen, weil es Null- oder negative Längen und Flächen schlicht und einfach nicht gibt. Wie wir aber heute wissen, lassen sich diese Zahlen an vielen Stellen praktisch anwenden – einen negativen Euro kann ich zwar nicht in die Hand nehmen, aber auf meinem Bankkonto sehe ich ihn ganz sicher.

PELLSCHE GLEICHUNGEN

Pellsche Gleichungen haben die Form $x^2 - ny^2 = 1$. Sie sind nach dem englischen Mathematiker John Pell (1611–1685) benannt, der in Wirklichkeit kaum zu ihrer Entwicklung beitrug. Als Erster untersuchte Brahmagupta die Pellschen Gleichungen, ähnliche Arbeiten gibt es aber auch von Diophantos (s. S. 64/65).

Diese Gleichungen sind interessant, weil die ganzzahligen Lösungen sich der Quadratwurzel von n annähern. Die Lösungen für $x^2 - 2y^2 = (1), (3, 2), (17, 12), (577, 408)$ und so weiter sind also immer genauere Annäherungen an die Quadratwurzel von 2. Man beachte:

$$\frac{3}{2} = 1{,}5$$

$$\frac{17}{12} = 1{,}416$$

$$\frac{577}{408} = 1{,}414215686$$

und $\quad \sqrt{2} = 1{,}414213563$

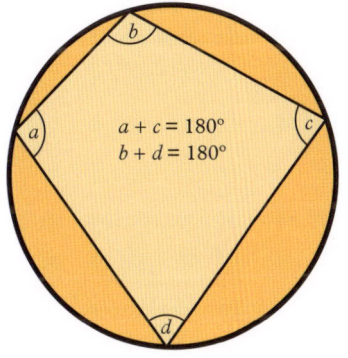

$$a + c = 180°$$
$$b + d = 180°$$

Die Ecken eines Sehnenvierecks berühren einen Kreis. Solche Vierecke haben hübsche Eigenschaften: Unter anderem addieren sich gegenüberliegende Innenwinkel stets zu 180 Grad.

Übung 12

Lösung quadratischer Gleichungen durch Zerlegen

DIE AUFGABE:

John und Paul haben über die Grenze ihrer Gärten hinweg einen gemeinsamen Teich mit parabelförmigem Querschnitt gegraben. Die Gleichung für den Teich lautet $6x^2 + 5x - 21 = d$, dabei ist d die Tiefe von der Bodenoberfläche aus und x ist die Länge (in m) beiderseits der Grundstücksgrenze. Wie weit erstreckt sich der Teich in die beiden Grundstücke hinein?

DIE METHODE:

Zuerst müssen wir genau wissen, was wir eigentlich berechnen wollen. Dies ist oft der schwierigste Teil. Der Teich wurde in die Erde gegraben; wenn wir wissen wollen, wie weit er sich auf die beiden Grundstücke erstreckt, müssen wir also die Werte von x für die Tiefe 0 finden; die Gleichung lautet also

$$6x^2 + 5x - 21 = 0$$

Nun könnte man raten: Man probiert mit verschiedenen Werten für x aus, ob die Gleichung 0 ergibt. Das ist aber recht unpraktisch. Die Variable können wir nicht isolieren, weil die Gleichung ein x und ein x^2 enthält. Zur Lösung

gibt es mehrere Verfahren. Wie wir auf S. 34/35 erfahren haben, erhalten wir durch Multiplikation zweier Binome eine quadratische Gleichung. Jetzt gehen wir den umgekehrten Weg und zerlegen die quadratische Gleichung in zwei Binome. Dann müssen wir den Wert von x finden, für den beide Binome gleich 0 sind.

Wie gesagt: Ein Binom hat die Form $(ax + b)(cx + d)$, wobei a, b, c und d Zahlen sind. (Mehr über Binome auf S. 32–35.)

Die Werte der Zahlen a, b, c und d könnten wir raten, aber um so die richtigen Antworten zu finden, brauchen wir viel Zeit oder viel Glück; und wenn die Lösungen Brüche oder irrationale Zahlen sind, führt Raten überhaupt nicht zum Ziel.

Eine andere Methode ist die Faktoren-zerlegung. Auf S. 34 haben wir zwei Binome multipliziert und ein Trinom erhalten, jetzt stellen wir aus dem Trinom die beiden Binome wieder her. Die Faktoren-zerlegung funktioniert, wenn die Lösungen rationale Zahlen sind, aber mit irrationalen Zahlen ist sie schwierig. Eine Methode wird hier beschrieben, zwei weitere folgen auf S. 84/85.

Zerlegung

Schritt 1. Wir multiplizieren die erste und die letzte Zahl auf der linken Seite

$$6x^2 + 5x - 21$$

$$-126$$

Schritt 2. Wir finden ein Zahlenpaar, das sich zu -126 multipliziert und zu 5 addiert:

$$-126$$

$$14 \quad -9$$

Schritt 3. Wir zerlegen den mittleren Term in dieses Paar:

$$6x^2 + 14x - 9x - 21$$

Schritt 4. Wir finden die gemeinsamen Faktoren der ersten und letzten beiden Terme: $6x^2$ und $14x$ lassen sich durch 2 und x dividieren; -9x und -21 kann man durch -3 dividieren. Diese gemeinsamen Faktoren ziehen wir vor die Klammern, die alles Übrige enthalten, hier also in beiden Fällen $3x + 7$:

$$2x(3x + 7) - 3(3x + 7)$$

Schritt 5. Jetzt klammern wir die gemeinsamen Klammern aus, indem wir die vor ihnen stehenden Terme zu einer Klammer zusammenfassen. Wir erhalten

$$(2x - 3)(3x + 7)$$

Lösung der Binome

Puh! Nachdem wir nun das Trinom in zwei Binome zerlegt haben, müssen wir sie wieder mit 0 gleichsetzen, damit wir ausrechnen können, wie weit der Teich in die beiden Grundstücke hineinragt:

$$(3x + 7)(2x - 3) = 0$$

Die linke Seite kann aber nur dann gleich 0 sein, wenn entweder das erste oder das zweite Binom gleich 0 ist. Wir müssen also diejenigen Werte von x finden, bei denen die Binome gleich 0 sind:

$$3x + 7 = 0 \qquad 2x - 3 = 0$$

$$3x = -7 \qquad 2x = 3$$

$$x = \frac{-7}{3} \qquad x = \frac{3}{2}$$

DIE LÖSUNG:

Die Lösung ist $x = \frac{3}{2}$ und $x = \frac{-7}{3}$ der Teich erstreckt sich also $\frac{7}{3}$ eines Meters (2,33 m) in Pauls Garten (ich gehe davon aus, dass sein Haus auf der linken oder negativen Seite der Zahlengeraden steht) und $\frac{3}{2}$ eines Meters oder 1,5 m in Johns Garten.

Arabische Algebra

Ich weiß noch, wie ich in der Schule ein ganzes Jahr lang etwas über die Ägypter, Griechen und Römer lernte. Zu Beginn des nächsten Schuljahres wurde kurz das „dunkle Mittelalter" erwähnt und dann waren wir plötzlich mitten in der Renaissance. Es war, als wäre in den fast 1000 Jahren zwischen dem Sturz des weströmischen Reiches (um 500 u. Z.) und der Renaissance fast nichts passiert. In Wirklichkeit passierte in dieser Zeit eine ganze Menge, aber das Zentrum der Gelehrsamkeit hatte sich in den Osten verlagert: nach Bagdad.

Das Haus der Weisheit

Mit der Schließung von Platons Akademie 529 u. Z. tat die griechische Mathematik gewissermaßen ihren letzten Atemzug. Von nun an lag das mathematische Zentrum der Welt bis zum 13. Jahrhundert im Osten.

Das Haus der Weisheit in Bagdad wurde von Harun ar-Raschid (763–809), dem fünften Kalifen der Abasiden-Dynastie, und seinem Sohn al-Ma'mun gegründet. Zu jener Zeit erstreckte sich das islamische Großreich von Spanien im Westen bis zur indischen Grenze im Osten. Der Kontakt zu Indien sollte sich als wichtig erweisen. Anfangs konzentrierte man sich im Haus der Weisheit darauf, Werke aus Persien, Griechenland und Indien zu übersetzen und zu bewahren. Im Laufe der Zeit wurde es ein Zentrum für geistes- und naturwissenschaftliche Studien, bis es 1258 während der mongolischen Invasion zerstört wurde.

Über die persischen Mathematiker wird selten gesprochen, viele von ihnen waren aber sehr bedeutsam. Ungefähr zu der Zeit, als das Haus der Weisheit gegründet wurde, lebte al-Chwarizmi (s. S. 86/87). al-Kindi lebte von 801 bis 873 und schrieb mit indischen Zahlen. Ungefähr zur gleichen Zeit befassten sich die drei Brüder Banu Musa mit Geometrie, Astronomie und Mechanik.

Abu Kamil (850–930) erweiterte al-Chwarizmis Untersuchungen zur Algebra. Der 908 geborene Ibrahim ibn Sinan entwickelte die Theorie der Integration und Archimedes' Theorie der Erschöpfung weiter. Al-Karadschi (953–1029) schließlich erzielte in der Algebra bedeutende Fortschritte, entfernte sich damit von der Geometrie und machte sie mehr oder weniger zu dem, was wir heute kennen. Und viele weitere Mathematiker brachten die Mathematik in den Bereichen Geometrie, Trigonometrie, Zahlentheorie und anderen voran.

Arabische Ziffern

Zu den bedeutendsten Fortschritten jener Zeit gehörte die Einführung eines Stellenwertsystems auf der Grundlage der 10. Mit anderen Worten: Das System hat zehn Symbole und die Stellung jedes Symbols bestimmt über seinen Wert.

Klingt das vertraut? Nun ja, heute benutzen wir ein solches Zehner-Stellenwertsystem. Das heißt: Wenn wir die Zahl 535 schreiben, wissen wir, dass die einzelnen Ziffern aufgrund ihrer Stellung unterschiedliche Werte haben; die erste fünf entspricht den „Hundertern", die letzte den „Einsern".

Wie wir bereits erfahren haben, gab es ein System auf der Basis der 10 auch bei den alten Ägyptern, aber dort hatte es keine Stellenwerte, sondern für jede Zehnerpotenz stand ein anderes Symbol. Das machte beispielsweise die Multiplikation recht kompliziert (s. S. 70/71). Noch schwieriger war es mit römischen Ziffern.

Das Zehner-Stellenwertsystem macht sowohl Berechnungen als auch die Entwicklung von Dezimalzahlen viel einfacher. Das ist wichtig, denn die Vereinfachung der Arithmetik schafft für den Mathematiker die Freiheit, das größere Bild zu betrachten – man denke nur daran, wie einfach es die große Rechenleistung der Computer den heutigen Wissenschaftlern macht, über tiefgreifende Fragen nachzudenken.

Die arabischen Ziffern waren ursprünglich indische Ziffern. Als erster arabischer Text über die indischen Ziffern gilt häufig das lateinische Werk *Algoritmi de Numero Indorum* aus dem 12. Jahrhundert (eine Übersetzung eines Textes von al-Chwarizmi). Er verlegte die Einführung der indischen Ziffern auf die Zeit zwischen 790 und 840. Interessanterweise stammt auch unser Wort „Algorithmus" aus dem Titel dieses Werkes. Im Jahr 1202 führte Fibonacci die arabischen Ziffern in Europa ein.

Die Entwicklung der indisch-arabischen Ziffern zu Formen, die den heute gebräuchlichen ähneln.

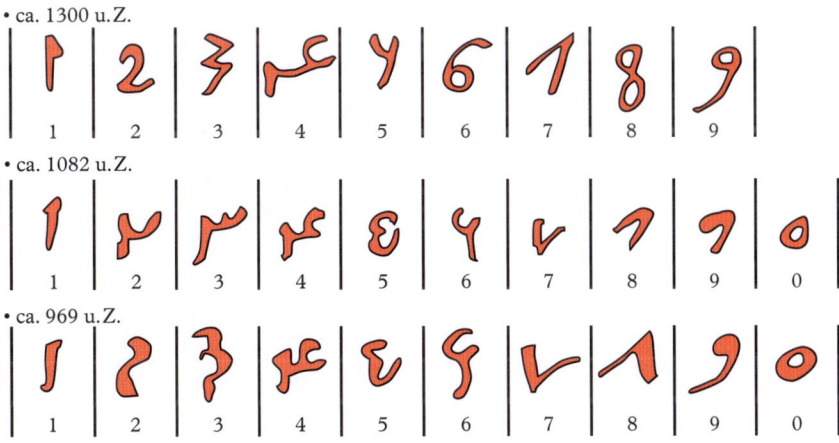

• ca. 1300 u. Z.

| 1 | 2 | 3 | 4 | 5 | 6 | 7 | 8 | 9 |

• ca. 1082 u. Z.

| 1 | 2 | 3 | 4 | 5 | 6 | 7 | 8 | 9 | 0 |

• ca. 969 u. Z.

| 1 | 2 | 3 | 4 | 5 | 6 | 7 | 8 | 9 | 0 |

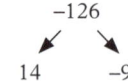

Übung 13

Umdrehen und KaKS

DIE AUFGABE:

George und Ringo haben über die Grenze ihrer Gärten hinweg einen gemeinsamen Teich mit parabelförmigem Querschnitt gegraben. Die Gleichung für den Teich lautet $6x^2 + 5x - 21 = d$, dabei ist d die Tiefe von der Bodenoberfläche aus und x ist die Länge (in m) beiderseits der Grundstücksgrenze. Wie weit erstreckt sich der Teich in die beiden Grundstücke hinein?

DIE METHODE:

Ich weiß, die Aufgabe kommt Ihnen bekannt vor. Sie ist natürlich die gleiche wie die auf S. 80/81. Aber quadratische Gleichungen und Parabeln (die grafischen Darstellungen quadratischer Gleichungen) sind wichtig: Man berechnet mit ihnen beispielsweise bestimmte Umlaufbahnen, die Kabel einer Hängebrücke und auch den Reflektor einer Taschenlampe.

Quadratische Gleichungen lassen sich auf vielen Wegen lösen. Man führt unterschiedliche Methoden am besten an dem gleichen Beispiel vor; einige solche Methoden wollen wir hier ausprobieren.

Umdrehen!

Schritt 1. Multipliziere die erste und die letzte Zahl auf der linken Seite:

$$6x^2 + 5x - 21 = d$$

$$-126$$

Schritt 2. Finde ein Zahlenpaar, das sich zu -126 multipliziert und sich zur mittleren Zahl 5 addiert:

$$-126$$

$$14 \qquad -9$$

Schritt 3. Schreibe zwei Binome, wobei der Koeffizient (in diesem Fall 6) für die Leitterme und den Nenner, das Zahlenpaar dagegen für die nachfolgenden Terme verwendet wird:

$$\frac{(6x + 14)(6x - 9)}{6}$$

Schritt 4. Ziehe die gemeinsamen Faktoren heraus. In der ersten Klammer ist eine 2 gemeinsam, in der zweiten eine 3; der Nenner ist beiden gemeinsam:

$$\left(\frac{2 \cdot 3}{6}\right)(3x + 7)(2x - 3)$$

Schritt 5. Berechne die erste Klammer:

$$(3x + 7)(2x - 3)$$

KaKS (Klammern, a, Kürzen, Schieben)

Schritt 1. Multipliziere die erste und die letzte Zahl auf der linken Seite:

$$6x^2 + 5x - 21 = d$$

$$-126$$

Schritt 2. Finde ein Zahlenpaar, das sich zu -126 multipliziert und sich zur mittleren Zahl 5 addiert:

$$-126$$
$$14 \qquad -9$$

Schritt 3 (Klammern). Schreibe die Binome mit diesem Zahlenpaar, vorerst ohne den Koeffizienten 6:

$$(x + 14)(x - 9)$$

Schritt 4 (a). Addiere im Nenner den Term a (s. S. 80; in diesem Fall ist das der Koeffizient von x^2, also 6):

$$\left(x + \frac{14}{6}\right)\left(x - \frac{9}{6}\right)$$

Schritt 5 (Kürzen). Vereinfache die Brüche:

$$\left(x + \frac{7}{3}\right)\left(x - \frac{3}{2}\right)$$

Schritt 6 (Schieben). Schiebe den Nenner in den Binomen jeweils nach vorn:

$$(3x + 7)(2x - 3)$$

Lösung der Binome

Nachdem wir nun das Trinom mit mehreren Methoden in zwei Binome zerlegt haben, müssen wir diese lösen. Also setzen wir sie wieder mit 0 gleich:

$$(3x + 7)(2x - 3) = 0$$

Die linke Seite kann aber nur dann gleich 0 sein, wenn entweder das erste oder das zweite Binom gleich 0 ist. Wir müssen also diejenigen Werte von x finden, bei denen die Binome gleich 0 sind:

$$3x + 7 = 0 \qquad 2x - 3 = 0$$

$$3x = -7 \qquad 2x = 3$$

$$x = \frac{-7}{3} \qquad x = \frac{3}{2}$$

DIE LÖSUNG:

Die Lösung lautet $x = \frac{3}{2}$ und $x = \frac{-7}{3}$; der Teich erstreckt sich also $\frac{7}{3}$ eines Meters (2,33 m) in Georges Garten und $\frac{3}{2}$ eines Meters (1,5 m) in Ringos Garten.

Porträt

al-Chwarizmi

Wie über Euklid, den griechischen „Vater der Geometrie", so ist auch über al-Chwarizmi sehr wenig bekannt. Die meisten Menschen haben wahrscheinlich noch nie von ihm gehört und werden es erstaunlich finden, aber al-Chwarizmi verdanken wir zwei Begriffe, die für viele von uns zur Alltagssprache gehören: „Algebra" und „Algorithmus".

Al-Chwarizmi, genauer Abu Dscha far Muhammad ibn Musa Chwarizmi, wurde um das Jahr 780 geboren; der Geburtsort ist ein wenig umstritten. Nach Ansicht mancher Fachleute stammte er aus Choresmien, das im heutigen Usbekistan südlich des Aralsees und östlich des Kaspischen Meeres liegt, andere sind überzeugt, dass er in Bagdad geboren wurde.

Eines aber wissen wir sicher: al-Chwarizmi arbeitete im Haus der Weisheit (s. S. 82/ 83). Dort übersetzte er zusammen mit den Brüdern Banu Musa griechische, indische und andere Texte. Er erweiterte die Übersetzungen auch durch eigene Ausführungen über Algebra, Geometrie, Astronomie und Geografie.

Al-Chwarizmi schuf mehrere Werke, die sich als einflussreich erweisen sollten. Eines

der wichtigsten war das 833 entstandene *Kitab Surat al-Ard*; in dieser Überarbeitung der *Geographie* von Ptolemäus gab er die Koordinaten von mehr als 2400 Städten und geografischen Orientierungspunkten an. Al-Chwarizmi korrigierte darin Ptolemäus' zu hoch gegriffene Schätzung für die Länge des Mittelmeeres und fügte Details über die Länder im Osten hinzu, die während der Abasiden-Dynastie besser bekannt waren als zur Zeit der alten Griechen. Darüber hinaus schrieb al-Chwarizmi mehrere kleinere Werke über das Astrolabium (ein Instrument, das von Astronomen, Astrologen und Seeleuten benutzt wurde), Sonnenuhren und den jüdischen Kalender. Seine beiden größten Werke jedoch kamen genau im richtigen Augenblick.

Der Ursprung des Wortes „Algorithmus"

Al-Chwarizmis zweitwichtigstes Werk waren die *Algorismi de Numero Indorum* – diesen Titel trug eine lateinische Übersetzung seines ursprünglich arabischen Textes, der nicht erhalten ist.

Aus dem Titel wurde das Wort „Algorithmus" abgeleitet, das eine Abfolge mehrerer Schritte oder Anweisungen bezeichnet. In diesem Werk führte al-Chwarizmi das hinduistische Stellenwertsystem für Zahlen ein.

Vermutlich wurde darin auch erstmals die Null als Platzhalter verwendet. In dem Text beschreibt al-Chwarizmi Rechenverfahren und auch eine Methode zur Berechnung von Quadratwurzeln.

Der Ursprung des Wortes „Algebra"

Al-Chwarizmis bedeutendstes Werk trägt den Titel *Hisab al-dschabr wa-l-muqabala*. Aus dem „al-dschabr" wurde später unser Wort „Algebra". Manche Fachleute halten zwar Diophantos (s. S. 64/65) für den „Vater der Algebra", nach Ansicht anderer jedoch hat al-Chwarizmi wegen dieses Textes den Titel verdient.

Al-Chwarizmis Methode zur Lösung linearer und quadratischer Gleichungen bestand darin, die Gleichungen auf eine von sechs Formen zu vereinfachen. Dadurch konnte er sehr elegant die Probleme umgehen, die sich durch die negativen Zahlen stellten. Es ist interessant, die Teile einer quadratischen Gleichung nach al-Chwarizmis Methode zu definieren. In der Gleichung $ax^2 + bx + c = 0$ sind a, b und c Zahlen, ax^2 ist das Quadrat, bx ist die Wurzel und c ist die Zahl. Folgende sechs Formen ließ al-Chwarizmi zu:

1. Quadrat gleich Wurzel oder $ax^2 = bx$.

Das wären Gleichungen wie $x^2 = 4x$ mit der Lösung 4 oder $3x^2 = 7$ mit der Lösung $\frac{7}{3}$. Solche Lösungen sind bei genauem Hinsehen sehr einfach. Wenn wir im zweiten Beispiel beide Seiten durch 3 dividieren, erhalten wir $x^2 = x$, und da x^2 oder $x \cdot x$ links und $\frac{7}{3}x$ oder $\frac{7}{3} \cdot x$ rechts steht, ist

$$x \cdot x = \frac{7}{3} \cdot x$$

Das erste x auf der linken Seite muss also gleich sein. Interessanterweise wird aber die erste Lösung, nämlich $x = 0$, nicht angegeben.

2. Quadrat gleich Zahl oder $ax^2 = c$

Ich finde zwar in der Literatur keinen Beleg, um al-Chwarizmis Methode vorzuführen, ein einfaches Verfahren würde aber darin bestehen, das x zu isolieren, indem man beide Seiten durch a dividiert, und dann mit irgendeiner Methode, vielleicht der von Archimedes, die Quadratwurzel zu ermitteln.

3. Wurzel gleich Zahl oder $bx = c$

(Zur Lösung linearer Gleichungen s. S. 26/27)

4. Quadrat und Wurzel gleich Zahl oder
$$ax^2 + bx = c$$

5. Quadrat und Zahl gleich Wurzel oder
$$ax^2 + c = bx$$

6. Wurzel und Zahl gleich Quadrat oder
$$bx + c = ax^2$$

Über die drei zuletzt genannten Beispiele schreibt der amerikanische Mathematikhistoriker Carl Boyer (1906–1976) in seinem 1968 erschienenen Buch *A History of Mathematics:* „Diese Lösungen sind ‚Kochrezepte' für die ‚Vervollständigung der Quadrate' in ganz bestimmten Fällen." Die Lösung quadratischer Gleichungen durch Vervollständigung von Quadraten haben wir bereits auf S. 72/73 und 76/77 kennengelernt.

'al-dschabr'

Übung 14

Anwendung der Quadratformel

DIE AUFGABE:

Art und Paul haben über die Grenze ihrer Gärten hinweg einen gemeinsamen Teich mit parabelförmigem Querschnitt gegraben. Die Gleichung für den Teich lautet $6x^2 + 5x - 21 = d$; dabei ist d die Tiefe von der Bodenoberfläche aus und x ist die Länge (in m) beiderseits der Grundstücksgrenze. Wie weit erstreckt sich der Teich in die beiden Grundstücke hinein?

DIE METHODE:

Dieses Mal werden wir die Aufgabe mithilfe der Quadratformel lösen. Seit der Zeit der alten Ägypter musste man Aufgaben lösen, in denen es um Flächen ging, und seit jener Zeit kennt man auch die quadratischen Gleichungen.

Erst mit der Mathematik des Mittleren Ostens nahmen sie jedoch eine modernere Form an. Wie wir bereits erfahren haben, nannte al-Chwarizmi sechs Methoden zur Lösung verschiedener quadratischer Gleichungen, Sridhara formulierte dann zu diesem Zweck als einer der Ersten ein allgemeineres Verfahren. Seine Form der Quadratformel gelangte zwar nach Europa, es war aber nicht genau die, welche wir heute kennen. Erst einige Jahrhunderte später arbeiteten europäische Mathematiker unter Führung von Girolamo Cardano (den wir auf S. 102/103 genauer kennenlernen werden) mit dem ganzen Spektrum der Lösungen, das auch komplexe und imaginäre Zahlen einschloss (s. S. 104–113). Als René Descartes 1637 seine *Géométrie* herausbrachte, hatte sich die Quadratformel in ihrer heutigen Form durchgesetzt.

Die Quadratformel ist eine allgemeine Lösung für alle quadratischen Gleichungen. Sie lässt sich leicht anwenden; Fehler schleichen sich eher in die Berechnungen ein und beruhen meist nicht auf mangelndem Verständnis.

Mehr über al-Chwarizmi auf S. 86/87

Die Aufgabe ist natürlich die gleiche, wie wir sie nun schon zweimal hatten – die eigentliche Frage lautet: Wer sind Art und Paul?

Die Quadratformel lautet:

$$x = \frac{-b \pm \sqrt{b^2 - 4ac}}{2a}$$

Dabei sind a, b und c die Koeffizienten aus $ax^2 + bx + c = 0$.

In unserer Aufgabe ist $a = 6$, $b = 5$ und $c = -21$ (die negative Zahl dürfen wir nicht vergessen!); wenn wir die Variablen einsetzen, wird die Formel zu:

$$x = \frac{-(5) \pm \sqrt{(5)^2 - 4(6)(-21)}}{2(6)}$$

$$x = \frac{-5 \pm \sqrt{25+504}}{12}$$

$$x = \frac{-5 \pm \sqrt{529}}{12}$$

$$x = \frac{-5 \pm 23}{12}$$

Jetzt müssen wir beide Möglichkeiten ausrechnen:

$$x = \frac{-5 + 23}{12} \qquad x = \frac{-5 - 23}{12}$$

$$x = \frac{18}{12} \qquad x = \frac{-28}{12}$$

$$x = \frac{3}{2} \qquad x = \frac{-7}{3}$$

DIE LÖSUNG:

Die Lösung lautet also $\frac{3}{2}$ und $\frac{-7}{3}$; der Teich erstreckt sich $\frac{-7}{3}$ Meter (2,33 m) in Arts Garten (ich gehe davon aus, dass sein Haus auf der linken oder negativen Seite der Zahlengeraden steht) und $\frac{3}{2}$ eines Meters oder 1,5 m in Pauls Garten.

GRAPH 3
($6x^2 + 5x - 21 = d$)

Die Grafik zeigt den parabelförmigen Teich von Art und Paul. Die Werte auf der d-Achse sind positiv, weil wir die Tiefe mit positiven Zahlen und nicht als „negative Höhe" angeben. Die Grafik ist auf diese Weise einfacher zu verstehen.

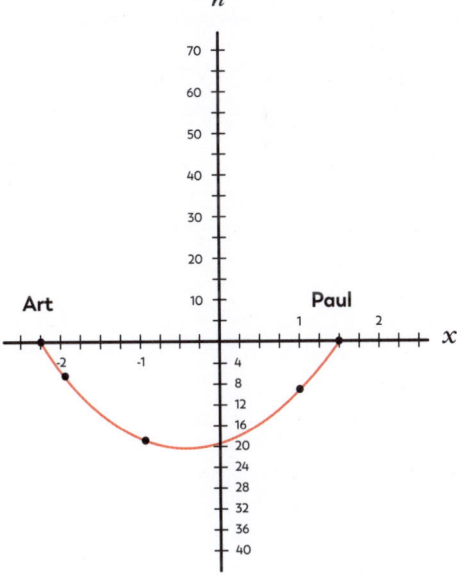

Porträt

Omar Chayyam

Omar Chayyam war der erste nicht-europäische Mathematiker, von dem ich etwas hörte. Von da an wandelten sich meine eurozentrischen Vorstellungen, am Inhalt des vorliegenden Buches kann man aber erkennen, dass hier immer noch Spielraum für Verbesserungen besteht.

Omar Chayyam wurde am 18. Mai 1048 in der persischen Stadt Nishapur geboren. Mit noch nicht einmal 25 Jahren hatte er bereits bedeutende mathematische Werke geschrieben. Er zog 1070 nach Samarkand im heutigen Usbekistan und wurde dort

KEGELSCHNITTE

Kegelschnitte sind mathematische Formen, die man aus einem Kegel ableiten kann. Vier solche Formen sind möglich: Kreis, Ellipse, Parabel und Hyperbel.

Solche Formen begegnen uns ständig. Ein einfacher Fall ist der Kreis. Eine Autoindustrie ohne runde Räder könnte man sich kaum vorstellen. Die Umlaufbahn der Erde um die Sonne ist eine Ellipse; ein Beispiel für eine (dreidimensional aufgespannte) Parabel ist die Satellitenschüssel; und ein Lampenschirm wirft auf der Wand einen hyperbelförmigen Schatten.

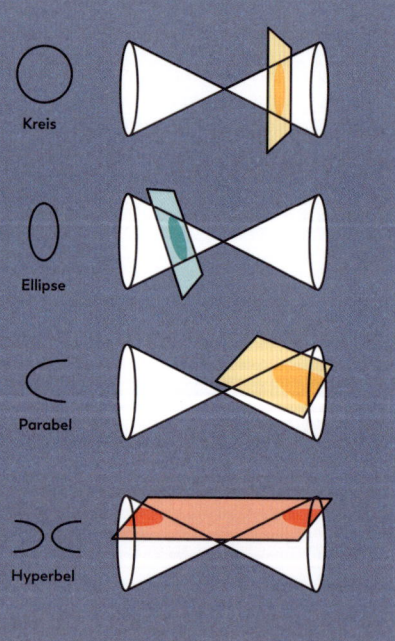

Kreis

Ellipse

Parabel

Hyperbel

von dem angesehenen Rechtsgelehrten Abu Tahir gefördert. Jetzt konnte Chayyam sein wichtigstes Werk schreiben, die *Abhandlung über Beweise für die Probleme der Algebra*. Im Jahr 1073 wurde er von Malik Schah, einem Sultan aus der Seldschuken-Dynastie, in die Hauptstadt Isfahan im heutigen Iran eingeladen, um dort ein Observatorium einzurichten. Während der nächsten 18 Jahre blieb Chayyam in Isfahan. 1092 gab es politische Unruhen; 1118 errang schließlich Sanjar, Malik Schahs dritter Sohn, die Macht in der Seldschuken-Dynastie. Er verlegte die Hauptstadt nach Merv im heutigen Turkmenistan und irgendwann nach 1118 zog auch Chayyam dorthin. Am 4. Dezember 1122 starb er.

Die Probleme der Algebra

Die *Abhandlung über Beweise für die Probleme der Algebra*, Omar Chayyams größtes mathematisches Werk, erschien 1070. Er skizziert darin eine vollständige Klassifikation kubischer Gleichungen, deren Lösung er mithilfe der Kegelschnitte fand (s. Kasten).

Chayyam konnte kubische Gleichungen lösen, indem er den Schnittpunkt zweier Kegelschnitte mit geometrischen Methoden suchte. Interessanterweise fand er aber nur eine oder vielleicht zwei der drei möglichen Lösungen. Diese waren geometrischer Natur, Chayyam hoffte aber, man werde eines Tages auch eine arithmetische Lösung entwickeln. Dies geschah viele Jahrhunderte später durch die Arbeiten italienischer Mathematiker.

WICHTIGE WERKE

Das Rubaiyat
Im Westen wurde Chayyam vor allem durch die Übersetzung seines Rubaiyat von Edward Fitzgerald bekannt. Es handelt sich um eine Sammlung von 614 vierzeiligen Gedichten.

Probleme der Arithmetik
Ein Buch über Algebra und Musik. Auf Wunsch von Malik Schah richtete Chayyam in Isfahan ein Observatorium ein. Die Länge eines Jahres berechnete er erstaunlich genau auf 365,24219858156 Tage. Außerdem stellte er einen neuen Kalender auf, den Jalali-Kalender.

Probleme der Algebra (verschollen)
In seinen Schriften erwähnt Chayyam ein nicht erhaltenes Werk, das von den später so genannten Pascalschen Dreiecken handelt (s. S. 130/131 und 134/135).

„Die Mehrzahl derer, die Philosophen nachahmen, verwechseln das Wahre mit dem Falschen und tun nichts anderes, als zu betrügen und Wissen vorzutäuschen, und sie nutzen nicht das, was sie von der Wissenschaft wissen, außer für niedere und materielle Zwecke."

– *Abhandlung über Beweise für die Probleme der Algebra*

Kapitel 4

Die Italien-Connection

Als sich das Zentrum der Mathematik nach Westen verlagerte, spielten italienische Mathematiker eine entscheidende Rolle: Sie brachten die neuen Erkenntnisse überhaupt erst nach Europa und entwickelten sie dann während der Renaissance weiter. In diesem Kapitel werden wir die Fibonacci-Reihe und andere wunderschöne, kreative Elemente der Mathematik kennenlernen. Wir werden uns noch einmal mit dem Goldenen Schnitt befassen und uns in die eigenartige Gesellschaft der imaginären und komplexen Zahlen begeben.

Porträt

Fibonacci: Teil 1

Im Allgemeinen gelten zwar Archimedes, Gauß und Newton als die „großen Drei" der Mathematik, zwei andere Mathematiker sind jedoch zumindest nach meiner Überzeugung interessanter und besser verständlich: Pascal, den wir im nächsten Kapitel kennenlernen werden, und Fibonacci, dessen berühmte Zahlenreihe wir überall um uns herum erkennen können.

Kindheit und Jugend

Fibonacci, auch Leonardo Pisano (Leonardo aus Pisa) genannt, wurde 1170 im italienischen Pisa geboren. Erzogen und ausgebildet wurde er in Nordafrika. Guglielmo, sein Vater, war Diplomat der Republik Pisa und vertrat Kaufleute, die über einen Hafen im heutigen Algerien Handel trieben.

Durch seine Ausbildung im damaligen islamischen Großreich lernte Fibonacci ein Zahlensystem kennen, das dem in Europa gebräuchlichen weit überlegen war.

Fibonacci unternahm viele Reisen und kehrte 1200 nach Pisa zurück. Dort schrieb er unter anderem die Werke *Liber Abaci* (1202), *Practica Geometriae (1220), Flos* (1225) und *Liber Quadratorum* (1225). Weitere Texte von ihm sind verloren gegangen. Fibonacci starb 1250 in Pisa. Dort erinnert heute eine Statue auf dem Friedhof in der Nähe des Schiefen Turmes an ihn.

Practica Geometriae und Flos

Die *Practica Geometriae* behandelt in acht Kapiteln die geometrischen Probleme auf der Grundlage der *Elemente* und der *Teilung der Figuren* von Euklid. In einem Kapitel beschreibt Fibonacci, wie man die Höhe großer Objekte mithilfe ähnlicher Dreiecke ermittelt (s. S. 38). In *Flos* löst er eine kubische Gleichung, die zuvor schon von Omar Chayyam (s. S. 90/91) gelöst wurde. Obwohl es sich um eine irrationale Lösung handelt, gelang es Fibonacci, diese auf neun Dezimalstellen genau zu berechnen.

Liber Quadratorum

Das *Liber Quadratorum* („Buch der Quadrate") gilt manchmal als Fibonaccis bestes Werk, es ist aber nicht so berühmt wie das *Liber Abaci*. Es handelt von Zahlentheorie. Praktische Anwendungen liegen dabei nicht sofort auf der Hand, die mathematischen Überlegungen sind aber faszinierend.

Im *Liber Quadratorum* untersucht Fibonacci unter anderem die Quadratzahlen (s. S. 16) und bezeichnet sie als Summen ungerader Zahlen. Mit anderen Worten:

Die ersten vier Quadratzahlen. Wie man hier leicht erkennt, stimmt Fibonaccis Gedanke, dass Quadratzahlen stets die Summen ungerader Zahlen sind.

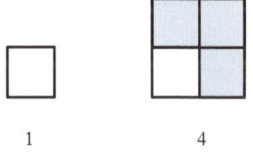

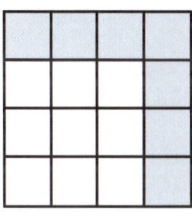

| 1 | 4
(1 + 3) | 9
(4 + 5) | 16
(9 + 7) |

1 = 1 (1 ist eine Quadratzahl)
1 + 3 = 4 (4 ist eine Quadratzahl)
1 + 3 + 5 = 9 (9 ist eine Quadratzahl), und so weiter...

Wie man an dem Diagramm oben erkennt, gilt dies für die ersten Quadratzahlen, aber noch besser wäre der Beweis, dass es für alle Quadratzahlen stimmt. Wenn wir zu einem großen Quadrat mit den Abmessungen n mal n an den Kanten und der oberen Ecke weitere Quadrate mit der Kantenlänge 1 hinzufügen, bekommen wir ein Quadrat der Größe $(n + 1)$ mal $(n + 1)$. Die Zahl der hinzugefügten kleinen Quadrate beträgt $2n + 1$ und ist demnach eine ungerade Zahl.

Um also eine Quadratzahl n^2 zur nächsten Quadratzahl $(n + 1)^2$ zu vermehren, müssen wir $n + n + 1$ oder $2n + 1$ addieren.

Demnach ist

$$n^2 + 2n + 1 = (n + 1)^2$$

Auf $(n + 1)^2$ können wir das Verfahren von S. 34/35 anwenden. Wichtig ist dabei die Addition von $2n + 1$ zu n^2. Da n jede natürliche Zahl sein kann, ist $2n$ stets ein Vielfaches von 2 und damit eine gerade Zahl. Demnach ist $2n + 1$ ungerade. Wenn wir von $n = 1$ (der ersten Quadratzahl) ausgehen, erkennen wir aus der Formel, dass wir mit zunehmendem n stets ungerade Zahlen erhalten.

Weiter beschreibt Fibonacci einen Weg zum Auffinden pythagoreischer Tripel (s. S. 45). Im ersten Schritt nimmt man dazu irgendeine ungerade Quadratzahl als eine der beiden Katheten eines rechtwinkligen Dreiecks. Die andere Kathete ist dann die Summe aller ungeraden natürlichen Zahlen bis zu der, die im ersten Schritt gewählt wurde. Durch Summieren dieser beiden Zahlen kann man das pythygoreische Tripel vervollständigen.

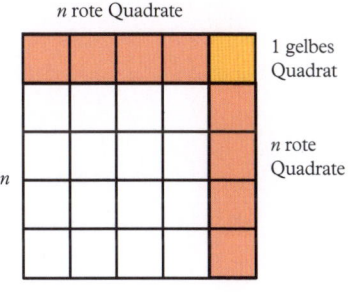

n rote Quadrate

1 gelbes Quadrat

n rote Quadrate

n

n

Ein Beweis bedeutet, dass ein Gedanke immer stimmt. Hier sind $n = 4$ Quadrate gezeigt, n kann aber jede natürliche Zahl sein. Mit einer Variablen, in diesem Fall n, verallgemeinert man die Lösung.

Grafische Darstellung von Parabeln

Wir kommen jetzt auf die quadratischen Gleichungen aus dem letzten Kapitel zurück und betrachten ihre grafische Darstellung: die Parabel. Auch in der Realität sehen wir vielerorts Parabeln, die uns vielleicht vertrauteste Parabel ist die Satellitenschüssel.

Grafisches Darstellen der Parabel

Die Grundform der quadratischen Gleichung lautet $y = x^2$. Um sie grafisch darzustellen, setzt man Werte für x ein und findet so die Werte für y. Für $x = -2$ ist beispielsweise $y = 4$, also $(-2)^2$ oder $-2 \cdot (-2)$. Dies ergibt die Grafik 4 (unten).

Von der tiefsten Stelle der Parabel (dem Scheitelpunkt) bewegen wir uns jeweils eine Einheit nach links und rechts und erhalten zwei Punkte der Kurve. Im Abstand 2 vom Scheitelpunkt erhalten wir in Höhe von vier Einheiten zwei weitere Punkte. Dieser Vorgang des Quadrierens setzt sich unendlich

fort. Dies kennzeichnen wir in allen Kurven mit Punkten für die wechselnden Werte und zeigen so, dass die Form der Kurve immer die gleiche bleibt.

Eine Parabel auf dem Millimeterpapier hin- und herzubewegen, ist relativ einfach. Betrachten wir einmal die Kurven der Grundparabel $y = x^2$ und zwei andere: $y = x^2 + 3$ und $y = x^2 - 3$. In einer Tabelle der drei Funktionen würden wir feststellen, dass die Werte +3 und −3 nur die Werte für y vermehren oder vermindern, das heißt, die Parabel verschiebt sich nach oben oder unten. Bei einer Kurve der Form $y = x^2 \pm q$

GRAPH 4

GRAPH 5

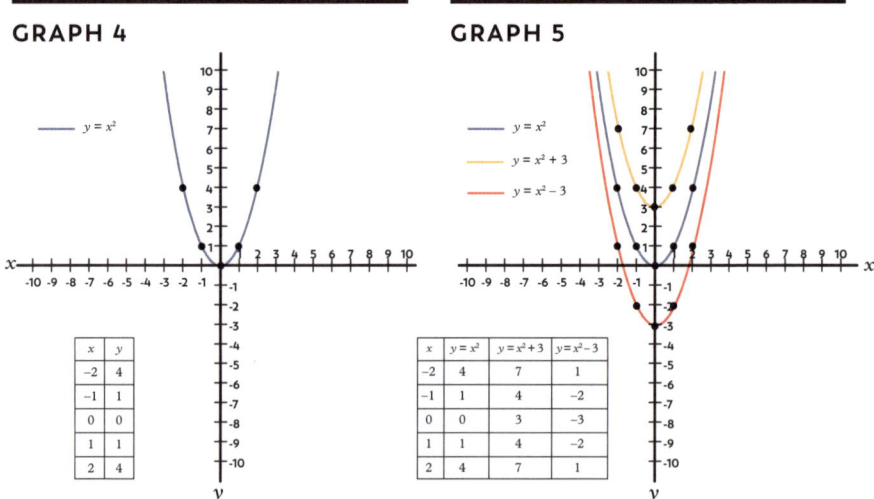

GRAPH 4:

$y = x^2$

x	y
−2	4
−1	1
0	0
1	1
2	4

GRAPH 5:

$y = x^2$
$y = x^2 + 3$
$y = x^2 - 3$

x	$y = x^2$	$y = x^2 + 3$	$y = x^2 - 3$
−2	4	7	1
−1	1	4	−2
0	0	3	−3
1	1	4	−2
2	4	7	1

GRAPH 6

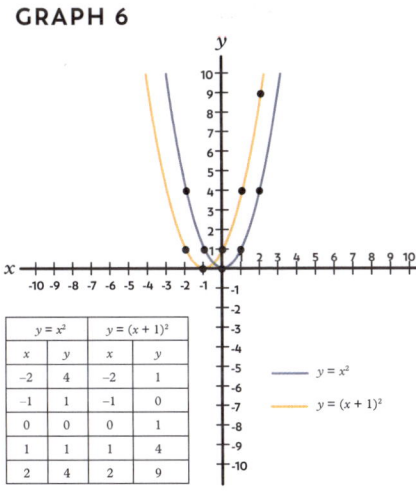

$y = x^2$		$y = (x + 1)^2$	
x	y	x	y
−2	4	−2	1
−1	1	−1	0
0	0	0	1
1	1	1	4
2	4	2	9

bewegt der Wert q die Parabel aufwärts oder abwärts (Grafik 5).

Die Kurve nach links oder rechts zu verschieben, ist etwas komplizierter. Um die Grundparabel $y = x^2$ zur Seite zu bewegen, müssen wir Zahlen im Quadrat addieren oder subtrahieren; die Grafik 6 (oben) zeigt

GRAPH 7

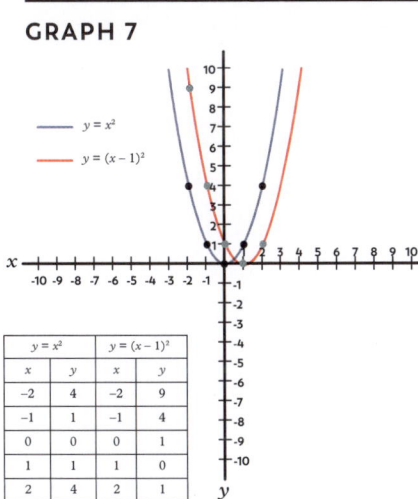

$y = x^2$		$y = (x − 1)^2$	
x	y	x	y
−2	4	−2	9
−1	1	−1	4
0	0	0	1
1	1	1	0
2	4	2	1

beispielsweise unsere Grundparabel $y = x^2$ und auch die nach links verschobene Kurve für $y = (x + 1)^2$. Das Umgekehrte geschieht, wenn wir Werte in der Klammer subtrahieren: $y = (x − 1)^2$ verschiebt die Kurve nach rechts (Grafik 7).

Wenn wir also eine Gleichung der Form $y = (x \pm p)^2$ haben, wissen wir, dass das p die Parabel nach rechts oder links verschiebt.

An dieser Stelle erhebt sich eine Frage: Warum tut die Variable q, was sie besagt, die Variable p aber das Gegenteil? Warum verschiebt eine positive Variable q die Kurve in positiver Richtung (nach oben), während eine positive Variable p die Kurve in die negative Richtung (nach links) verschiebt und umgekehrt?

Die Antwort ist erstaunlich einfach. Sie hat damit zu tun, wie wir unsere Gleichungen gern schreiben. Eine Gleichung der Form $y = x^2 − q$ sollte man eigentlich als $y + q = x^2$ schreiben, aber meist bevorzugen wir die Form $y = …$

Vor diesem Hintergrund ist die Sache einfach; man muss diese Macke nur durchschauen. Hat man es begriffen, kann man sehr schnell Kurven für Gleichungen der Form $y = (x \pm p)^2 \pm q$ zeichnen. Noch einfacher wird die Sache, weil die Variablen p und q sich gegenseitig nicht beeinflussen: q bestimmt ausschließlich über auf und ab, p nur über links und rechts. Wie gesagt: ein positives q verschiebt nach oben; ein positives p verschiebt nach links.

Was fangen wir nun damit an, dass wir eine Parabel zeichnen können? Wie auf S. 84 erwähnt, gibt es dafür viele praktische Anwendungen, und als Diagramme sind Parabeln sehr nützlich für alle möglichen Modelle für Bewegungen, Wirtschaftssysteme, demografische Entwicklungen und anderes.

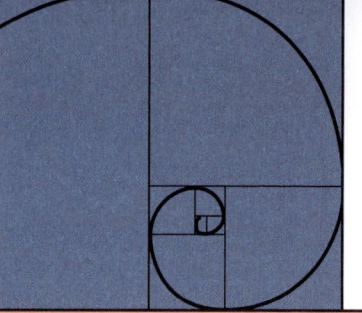

Porträt

Fibonacci: Teil 2

Fibonaccis berühmtestes Werk ist das 1202 entstandene *Liber Abaci*, dem die abendländische Mathematik ihre Renaissance verdankt. Darin führte Fibonacci die indo-arabischen Ziffern in Europa ein, wodurch die Arithmetik viel einfacher wurde.

Das moderne Zahlensystem

Das indo-arabische Zahlensystem hat eine lange, wechselvolle Geschichte. Seine Schönheit liegt darin, dass es sich um ein Stellenwertsystem auf der Basis 10 handelt, das einfache Berechnungen ermöglicht. Seine Ursprünge liegen in Indien: Brahmagupta formulierte im 7. Jahrhundert die ersten mathematischen Konzepte, in denen die Null nicht nur ein Platzhalter, sondern eine Zahl war.

Solche Gedanken flossen durch das islamische Großreich nach Westen. Sie wurden Anfang des 9. Jahrhunderts von al-Chwarizmi und später von Fibonacci weitergegeben. Im *Liber Abaci* wurden die indo-arabischen Ziffern zwar nicht zum ersten Mal in Europa bekannt gemacht, aber erst jetzt setzten sie sich durch – vermutlich weil Fibonacci deutlich machte, wie praktisch sie sind und welche Vorteile das System hat.

Die Fibonacci-Folge

Im *Liber Abaci* führt er anhand eines Beispiels mit Kaninchen die Fibonacci-Folge ein, wie sie später genannt wurde. Die Fragestellung lautete ungefähr so:

Ein Mann hat anfangs ein männliches und ein weibliches Kaninchen. Diese sind nach einem Monat geschlechtsreif. Danach nehmen Befruchtung, Schwangerschaft und Geburt einen weiteren Monat in Anspruch. Bei jeder Geburt entstehen ein Männchen und ein Weibchen. Wie viele Kaninchenpaare sind es am Ende jeden Monats?

Am Anfang hat der Mann ein Paar. Zu Beginn des nächsten Monats ist es immer noch ein Paar, das jetzt aber geschlechtsreif ist. Am Anfang des dritten Monats sind zwei Paare vorhanden: das ursprüngliche und das neugeborene. Das ursprüngliche Paar produziert wiederum Nachkommen, das neugeborene braucht jedoch noch einen Monat, um heranzuwachsen. Zu Beginn des vierten Monats haben wir drei Paare: das ursprüngliche, die erste Generation (die jetzt paarungsbereit ist) und wiederum ein neugeborenes. Im Monat Nummer 5 haben wir fünf Kaninchenpaare, weil jetzt zwei Paare Junge zur Welt bringen.

Die mathematische Formel zum Auffinden der Zahlen in einer Fibonaccci-Folge lautet $f_{n+2} = f_{n+1} + f_n$. Das sieht seltsam aus, es bedeutet aber nur, dass die nächste Fibonacci-Zahl (f_{n+2}) jeweils die Summe der beiden vorangegangenen Fibonacci-Zahlen $f_{n+1} + f_n$ darstellt. Die ersten Zahlen der Folge lauten 1, 1, 2, 3, 5, 8, 13, 21, 34, 55, 89 und so weiter.

Die Fibonacci-Folge kommt in der Natur an vielen Stellen vor. Dieses Gänseblümchen hat 21 Blütenblätter.

DIE FIBONACCI-FOLGE IN DER NATUR

Fibonacci-Zahlen sind in der Natur allgegenwärtig. Viele Blüten haben beispielsweise eine entsprechende Zahl von Blütenblättern. Eine kurze Liste:

3 Blütenblätter: Lilie, Iris

5 Blütenblätter: Hahnenfuß, Wildrose, manche Rittersporne, Akelei

8 Blütenblätter: manche Rittersporne

13 Blütenblätter: Gänseblümchen, Kreuzkraut, Saat-Wucherblume

21 Blütenblätter: Gänseblümchen, Aster, Rudbeckien, Wegwarte

34 Blütenblätter: Gänseblümchen, Wegerich, Chrysanthemen

55 oder 89 Blütenblätter: Berg-Aster, Familie der Asteraceae

Der Goldene Schnitt

Manche Zahlen sind einfach cool. Ich habe zuvor bereits über mein π-T-Shirt berichtet, aber es gibt auch viele andere tolle Zahlen. Hier wollen wir uns Phi (φ) ansehen, eine der schönsten und faszinierendsten Zahlen, die es gibt.

Der Goldene Schnitt

Phi (φ), auch Goldener Schnitt genannt, hat den Wert $\frac{1+\sqrt{5}}{2}$. Das sieht nach einer seltsamen Zahl aus, aber wie die anderen coolen Zahlen begegnet sie uns ständig.

Wie π, so ist auch φ eine irrationale Zahl: Wer sie als Dezimalzahl schreiben wollte, hätte viel zu tun! Um wenigstens die ersten Dezimalstellen anzugeben: Der Wert des Goldenen Schnitts ist ungefähr 1,618 033 989.

Hier wird die Sache interessant. Wenn wir die Fibonacci-Zahlen aufschreiben und jede von ihnen durch ihren unmittelbaren Vorgänger dividieren, nähert sich das Ergebnis immer stärker dem Goldenen Schnitt an.

f_n	$f_n \div f_{n-1}$
1	N/A
1	1
2	2
3	1,5
5	1,666667
8	1,6
13	1,625
…	…

Wie man den Goldenen Schnitt findet

Die Anwendung der Fibonacci-Folge ist nur eine von mehreren Methoden, um den Wert von φ zu finden. Den Goldenen Schnitt kann man nicht nur als $\frac{1+\sqrt{5}}{2}$,

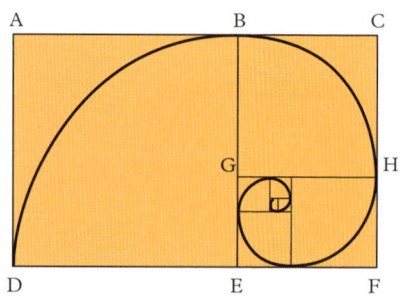

ACFD ist ein Goldenes Rechteck: Die Längenverhältnisse seiner Seiten AC/CF entsprechen dem Goldenen Schnitt. Entfernen wir das Quadrat ABED, so erhalten wir ein neues Goldenes Rechteck (BCFE). Durch Entfernen des Quadrats BCHG finden wir wiederum ein Goldenes Rechteck (GHFE) und so weiter. Zeichnet man jeweils von einer Ecke des Quadrats zur gegenüberliegenden Ecke eine Kurve, erhält man eine „Goldene Spirale".

schreiben, sondern auch als sich ständig wiederholenden Bruch:

$$1 + \cfrac{1}{1 + \cfrac{1}{1 + \cfrac{1}{1 + \cfrac{1}{1 + \ddots}}}}$$

Die Annäherung an φ erkennen wir, wenn wir Teile des sich wiederholenden Bruches außer Acht lassen und nur den Anfang berücksichtigen.

Erster Term = 1

Zweiter Term = 1 + 1 = 2

$$\text{Dritter Term} = 1 + \frac{1}{1+1} = 1 + \frac{1}{2} = 1,5$$

Das kann mühsam werden. Einfacher wird es, wenn wir uns klarmachen, dass es sich beim Nenner einfach um den vorherigen Term handelt. Der vierte Term lautet also:

$$1 + = \frac{1}{\text{Dritter Term}} = 1 + \frac{1}{2} = 1,5$$

Durch Fortsetzung dieses Vorganges nähern wir uns wiederum dem Goldenen Schnitt an. Ebenso, wenn man φ als sich wiederholende Quadratwurzel ausdrückt:

$$\varphi = \sqrt{1 + \sqrt{1 + \sqrt{1 + \sqrt{1 + \ldots}}}}$$

Weiterhin hat φ die interessante Eigenschaft, dass sein reziproker Wert ($\frac{1}{\varphi}$) gleich dem um 1 verminderten Wert von φ ist φ = $\frac{1}{\varphi}$ − 1.

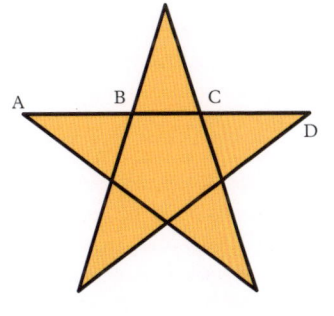

Das Pentagramm enthält zahlreiche Goldene Schnitte.

Der Goldene Schnitt in der Praxis

Den Goldenen Schnitt findet man überall in der Natur. Unter der unrealistischen Annahme, dass wir einen perfekten Körperbau haben, finden wir ihn in der Gesamtgröße dividiert durch die Höhe des Nabels, in den Längenverhältnissen der Fingerknochen und im Verhältnis zwischen der Länge vom Ellenbogen zum Handgelenk und der Länge der Hand.

Der Goldene Schnitt φ zeigt sich überall da, wo auch die Fibonacci-Folge vorkommt. Beispiele dafür gibt es nicht nur in der Natur. Auch der Mensch bedient sich seiner, so in Kunst und Architektur, beispielsweise in den Proportionen der *Mona Lisa* oder des Parthenon in Athen. Ein letztes Beispiel für den Goldenen Schnitt sind die Geraden eines Pentagramms. In der Zeichnung links entsprechen Längenverhältnisse wie $\frac{AD}{AC}$, $\frac{AC}{AB}$, und $\frac{AB}{BC}$, dem Goldenen Schnitt.

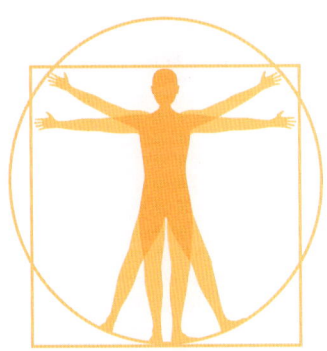

Ich bin zwar kein „Vitruv-Mensch", aber mein Nabel befindet sich in einer Höhe von 111 cm und ich bin 182 cm groß – ein Verhältnis von 1,639, das recht gut dem Goldenen Schnitt entspricht.

Porträt

Tartaglia und Cardano

Springen wir jetzt 250 Jahre weiter. Quadratische Gleichungen sind mittlerweile ein alter Hut, die Mathematik hat sich weiterentwickelt: Im 16. Jahrhundert waren kubische Gleichungen in Italien das große Thema. Heute gibt es für solche Gleichungen alle möglichen Anwendungen, insbesondere wenn es um Volumina geht.

Nicolo Tartaglia

Nicolo Fontana Tartaglia wurde 1499 oder 1500 im italienischen Brescia geboren. Als Tartaglia sechs war, wurde sein Vater ermordet – was die Familie zur Armut verdammte. Aber es kam noch schlimmer: 1512 drangen Franzosen in die Stadt ein und richteten unter den Bewohnern ein Blutbad an. Tartaglia wurde von einem französischen Soldaten verwundet und behielt einen Schaden an Oberkiefer und Gaumen zurück.

Aber angesichts seiner mathematischen Begabung fand seine Mutter für ihn einen Mäzen und er konnte in Padua studieren. 1516 zog er nach Verona, um Mathematik zu unterrichten. 1534 ging er nach Venedig. Von da an bis zu seinem Tod 1557 beteiligte sich Tartaglia an verschiedenen Diskussionen mit anderen italienischen Mathematikern.

Girolamo Cardano

Girolamo Cardano wurde 1501 in der norditalienischen Stadt Pavia als unehelicher Sohn von Fazio Cardano und Chiara Micheria geboren. Sein Vater war Rechtsanwalt, lehrte aber wegen seiner mathematischen Kenntnisse Geometrie an der Universität Pavia und an der Piatti-Stiftung in Mailand. Außerdem diskutierte Cardanos Vater mit Leonardo da Vinci über geometrische Fragen.

Cardano arbeitete anfangs als Assistent seines Vaters. Er strebte aber nach Höherem, legte sich mit seinem Vater an und begann in Pavia mit dem Medizinstudium. Im Jahr 1525 wurde er zum Doktor der Medizin ernannt, aber wegen seiner unverblümten Art gelang es ihm nicht, zum Ärztekollegium von Mailand zugelassen zu werden. Erst 14 Jahre später gewährte man ihm dort die Mitgliedschaft.

In den Jahren zwischen seinem Examen und der Zulassung zum Ärztekollegium verdiente sich Cardano seinen Lebensunterhalt als Arzt in einem kleinen Dorf. Er spielte Würfel, Karten und Schach und hielt wie früher sein Vater mathematische Vorlesungen an der Piatti-Stiftung. Im Jahr 1539 begann er einen Briefwechsel mit Tartaglia und der Rest seines Lebens war voller Streitigkeiten.

Cardanos Leben drehte sich nicht nur um mathematische Fragen. Sein ältester Sohn wurde wegen Mordes an seiner Frau verurteilt und hingerichtet. Der jüngste Sohn verspielte den größten Teil seiner Habseligkeiten und auch einen beträchtlichen Teil von Cardanos Geld. Im Jahr 1570 wurde Cardano wegen Ketzerei angeklagt: Zehn Jahre vorher hatte er ein Horoskop für Jesus veröffentlicht und nun wanderte er aufgrund von Indizien, darunter auch Aussagen seines eigenen Sohnes, mehrere Monate ins Gefängnis. Dann zog Cardano nach Rom, wo er 1576 starb.

Tartaglia gegen den Rest der Welt

Die erstmalige Lösung kubischer Gleichungen wird dem italienischen Mathematiker Scipione del Ferro zugeschrieben, der 1465 in Bologna geboren wurde. Seine Methode oder Formel zur Lösung solcher Gleichungen hielt er aber bis 1526 unter Verschluss; erst in diesem Jahr, auf dem Sterbebett, offenbarte er das Geheimnis seinem Schüler Antonio Fior.

Fior prahlte nun, er könne kubische Gleichungen lösen, und nach ein wenig mathematischem Vorgeplänkel forderte er Tartaglia zu einem mathematischen Wettstreit heraus. Jeder sollte dem anderen 30 Aufgaben stellen, die während einer bestimmten Zeit zu lösen waren. Um die Sache in Gang zu bringen, konfrontierte Fior den Kontrahenten mit 30 Aufgaben der Form $x^3 + ax = b$. Tartaglia dagegen wusste, wie man Gleichungen der Form $x^3 + ax^2 = b$ löst. Zu Beginn des Wettbewerbs konnte Tartaglia die von Fior gestellten Aufgaben nicht lösen, aber eines Morgens hatte er einen Geistesblitz, und nun löste er alle in noch nicht einmal zwei Stunden. Jetzt waren kubische Gleichungen beider Formen für ihn kein Rätsel mehr. Tartaglia seinerseits hatte Fior vielfältigere Aufgaben gestellt und dieser verlor das Duell.

Mittlerweile interessierte sich auch Cardano für kubische Gleichungen und fragte Tartaglia in einem Brief nach seiner Methode. Tartaglia verweigerte zunächst die Antwort, doch Cardano machte Tartaglia mit vielen Briefen schließlich mürbe und veranlasste ihn, seine Methode preiszugeben; Cardano versprach, er werde sie keinem anderen mitteilen und die Formel nur verschlüsselt aufbewahren.

Auf Grundlage dieser Übereinkunft arbeiteten Cardano und sein Assistent Ferrari weiterhin an kubischen und quartischen Gleichungen. 1543 jedoch entdeckte Cardano, dass Ferro in Wirklichkeit als Erster die kubischen Gleichungen gelöst hatte, und nun fühlte er sich nicht mehr an sein Versprechen gegenüber Tartaglia gebunden. Er brachte 1545 sein Werk *Ars Magna* heraus. Darin beschrieb er Ferros und Tartaglias Methoden zum Lösen kubischer Gleichungen sowie die Fortschritte, die er und Ferrari selbst erzielt hatten. Tartaglia veröffentlichte die Geschichte anschließend aus seiner Sicht einschließlich einiger persönlicher Angriffe. Damit erzielte er jedoch nicht die gewünschte Wirkung, Cardanos Ruf als führender Mathematiker blieb mehr oder weniger unangetastet.

Endgültig spitzte sich die Sache zu, als Ferrari, Cardanos Assistent, Tartaglia zu einem öffentlichen Disput herausforderte. Anfangs zögerte Tartaglia, weil der Sieg über einen relativ unbekannten Mathematiker seinen Ruf kaum verbessert hätte, während eine Niederlage Schaden anrichten konnte. Aber nachdem er ein Jahr lang Beleidigungen mit Ferrari ausgetauscht hatte, willigte er schließlich ein. Tartaglia war der große Favorit, aber nach dem ersten Tag sah es so aus, als würde Ferrari gewinnen. Tartaglia hatte keine Lust mehr auf Streit, reiste noch in der Nacht ab und überließ damit am nächsten Tag Ferrari kampflos den Sieg.

Imaginäre und komplexe Zahlen

Neuartige Zahlen waren immer ein Anlass zum Streit (eine Übersicht über Zahlenmengen findet sich auf S. 14–17). Die Lösung neu entdeckter Probleme erfordert häufig neue mathematische Methoden und damit auch neue Arten von Zahlen. Dafür sind die imaginären und komplexen Zahlen ein exzellentes Beispiel; bevor wir sie genauer betrachten, wollen wir uns kurz mit der Entwicklung unseres Zahlensystems befassen.

Die imaginären und davon ausgehend auch die komplexen Zahlen lassen sich auf vielfache Weise anwenden. Komplexe Zahlen braucht man, wenn man elektromagnetische Felder oder Wechselstromschaltkreise untersucht. Die Quantenmechanik und auch bunte Fraktal-Poster setzen ebenfalls komplexe Zahlen voraus; das Gleiche gilt für Steuerungssysteme und Signalanalysen.

Frühere Kontroversen

Zu Pythagoras' Zeit gab es die natürlichen Zahlen (1, 2, 3 usw.) und die positiven Brüche oder rationalen Zahlen. Als die Pythagoreer die irrationalen Zahlen entdeckten, waren sie verwirrt.

Heute gelten irrationale Zahlen als wichtiger Teil der Mathematik – wie sollte man ohne sie $x^2 = 2$ lösen? Sogar die Griechen gewöhnten sich schließlich an den Gedanken.

Auch die Null gab Anlass zu vielen Problemen. Damit ist die Zahl Null und nicht der Platzhalter Null gemeint – ja, das ist ein Unterschied. Die Vorstellung von der Null als Platzhalter gab es schon lange, nicht aber die von der Zahl selbst.

Den Griechen, die sich aus geometrischer Sicht mit Mathematik beschäftigten, erschien die Null absurd oder unnötig. Wenn Zahlen oder Unbekannte verschiedene Längen und ein Quadrat eine Fläche darstellen, ist für die Null kein Platz. Warum soll man ein Problem lösen, das nicht existiert? Wenn eine Länge gleich Null ist, gibt es keine Strecke; bei einer Fläche von Null existiert kein Gegenstand. Erst Brahmagupta (s. S. 78/79) ging daran, die Null in den Regeln der Arithmetik unterzubringen.

Ähnlich wie der Null erging es auch den negativen Zahlen. Sie wurden noch später anerkannt. Im Gegensatz zu ihnen hatte die Null den Vorteil, dass es sie als Platzhalter schon gab. Wieder war es Brahmagupta, der die negativen Zahlen in die Zahlenfamilie aufnahm. Im Mittleren Osten setzten sie sich durch, europäische Mathematiker hatten aber noch im 16. Jahrhundert, als man sich in Italien bereits mit imaginären Zahlen befasste, Probleme mit ihnen.

Imaginäre und komplexe Zahlen

Zunächst einmal sollte man festhalten, dass „imaginär" für diese Zahlen eine schlechte Bezeichnung ist. Sie lässt vermuten, dass solche Zahlen nicht existieren. In Wirklichkeit sind sie in der Mathematik aber sehr real und sehr notwendig.

Eine imaginäre Zahl ist einfach $\sqrt{-1}$; sie wird durch den Buchstaben i oder j dargestellt – Mathematiker bevorzugen das i, Ingenieure das j.

Mit imaginären Zahlen kann man manche auf den ersten Blick sehr einfache Gleichungen lösen. Zur Lösung von $x^2 - 1 = 0$ können wir x^2 isolieren und erhalten $x = \pm 1$. Verändern wir die Aufgabe aber geringfügig zu $x^2 + 1 = 0$, erhalten wir $x^2 = -1$. Das ist etwas unangenehm. Welche Zahl ist, ins Quadrat erhoben, eine negative Zahl? Keine, es sei denn, wir erfinden oder entdecken etwas ganz Neues. So wurden die imaginären Zahlen geboren.

Wenn wir $i = \sqrt{-1}$ definieren, ist $i^2 = -1$, und die Lösung für $x^2 + 1 = 0$ lautet $x = \pm i$. Ob wir das jetzt schon vollständig verstehen, ist gleichgültig; mit komplexer Arithmetik beschäftigen wir uns auf S. 106/107.

Komplexe Zahlen haben einfach einen reellen und einen imaginären Bestandteil. $3 + 4i$ ist beispielsweise eine komplexe Zahl, weil man in der 3 eine „reale 3" sehen kann, während die 4 eine imaginäre Zahl ist.

EIN WENIG GESCHICHTE

Genau wie irrationale Zahlen, Null und negative Zahlen, so gaben auch die komplexen Zahlen immer wieder Anlass zu Kontroversen. Die erste Veröffentlichung über komplexe Zahlen ist die *Ars Magna* von Cardano (s. S. 103). Bei der Lösung kubischer und quartischer Gleichungen stieß Cardano in seinen Berechnungen auf die Quadratwurzel einer negativen Zahl. Er ließ diese „imaginäre" oder „unmögliche" Situation außer Acht, setzte die Berechnung fort und gelangte zu einem „reellen" Ergebnis.

Rafael Bombelli (s. S. 111) arbeitete als Erster ausdrücklich mit komplexen Zahlen und beschrieb 1572 Operationen mit ihnen. René Descartes (s. S. 116/117) wird manchmal als derjenige genannt, der den imaginären Zahlen im 17. Jahrhundert ihren Namen gab, und zwei Jahrhunderte später führte Carl Gauß (s. S. 144/145) den Begriff „komplexe Zahlen" ein.

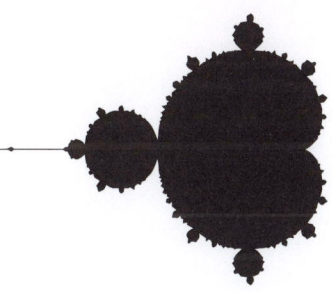

Die Mandelbrot-Menge ist eine Fraktale, erzeugt durch eine komplexe quadratische Gleichung. Interessant ist aber vor allem, wie hübsch sie aussieht!

Komplexe Arithmetik

Die komplexe Arithmetik ist eigentlich nicht allzu komplex. Sie setzt nur voraus, dass man das cartesianische Koordinatensystem – man könnte auch sagen Millimeterpapier – versteht und ein wenig über Trigonometrie weiß. Zudem muss man anerkennen, dass es imaginäre Zahlen gibt; dabei hilft es, wenn man die Zahlen von der greifbaren Welt trennt. Es gibt aber für komplexe Zahlen zahlreiche praktische Anwendungen, unter anderem im Bereich der Wechselstromschaltkreise.

Die Gerade der reellen Zahlen

Beginnen wir mit der altbekannten Zahlengeraden und lassen wir einen Frosch auf ihr entlanghüpfen. Wenn wir unseren Frosch auf die 4 setzen und mit −1 multiplizieren, hüpft er in großem Bogen auf die −4. Der Frosch hat sich dabei umgedreht, der Winkel des Sprungs betrug also 180°. Multiplizieren wir noch einmal mit −1, sind wir wieder bei 4 – eine weitere Wendung um 180°; insgesamt waren es also 360°. Die Multiplikation mit −1 löst in beiden Fällen einen Sprung von 180° aus.

Nun fügen wir der Zahlengeraden eine weitere Achse hinzu. Die horizontale Achse entspricht den realen, die vertikale den imaginären Zahlen (s. rechts oben).

Da $i = \sqrt{-1}$, können wir uns i als halbes Minuszeichen vorstellen. Wenn wir unseren Frosch wieder auf die 4 setzen und mit i multiplizieren, springt er in der Grafik auf $4i$ – er hat einen Winkel von 90° vollzogen, die Hälfte des Wertes bei einer Multiplikation mit −1. Multiplizieren wir nun von der Position $4i$ aus noch einmal mit i, erhalten wir $4i^2$. Wenn $i = \sqrt{-1}$, dann ist $i^2 = -1$ und $4i^2 = -4$. Das entspricht einem weiteren Sprung von 90°. Durch eine Multiplikation mit −1 springen wir also um 180°, durch eine Multiplikation mit i um 90°. Wenn der

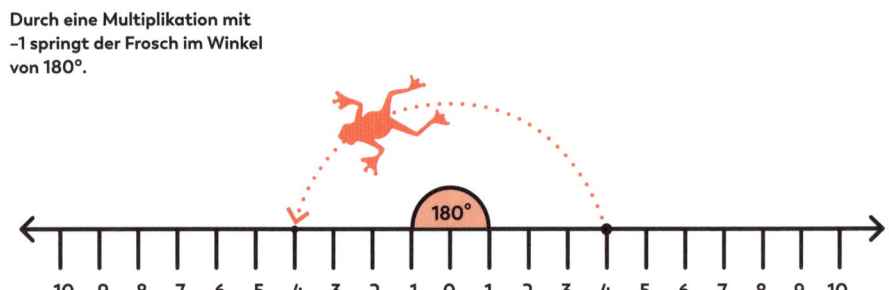

Durch eine Multiplikation mit −1 springt der Frosch im Winkel von 180°.

Frosch zunächst bei 4 sitzt und dann dreimal mit i oder i^3 multipliziert wird, hüpft er um 270° und kommt bei $-4i$ heraus. Zwei der drei is ergeben das Minuszeichen, und eines bleibt übrig.

Komplexe Zahlen

Eine komplexe Zahl hat sowohl einen reellen als auch einen imaginären Anteil. Um sie darzustellen, können wir sie auf der komplexen Ebene (unserem Millimeterpapier mit einer reellen und einer imaginären Achse) anordnen. Die Zahl $(3 + 4i)$ würde beispielsweise einem Punkt drei Einheiten nach rechts und vier nach oben entsprechen. Wenn wir eine Linie vom Nullpunkt (dem Schnittpunkt der horizontalen und vertikalen Achse) zu diesem Punkt ziehen, können wir mit dem Satz des Pythagoras (s. S. 44/45) ihre Länge bestimmen und mit trigonometrischen Methoden (s. S. 38/39) ihren Winkel zur positiven reellen Achse berechnen. Mit dem Satz des Pythagoras $a^2 + b^2 = c^2$, wobei $a = 3$ und $b = 4$, erhalten wir $3^2 + 4^2 = c^2$ oder $9 + 16 = c^2$ oder

$25 = c^2$ oder $c = 5$. Dies ist der absolute Wert oder „Betrag" der komplexen Zahl. Zur Berechnung des Winkels nehmen wir den reziproken Tangens von $\frac{4}{3}$ oder $\tan^{-1}\left(\frac{4}{3}\right) = \theta \approx 53°$.

Multiplikation einer komplexen Zahl mit i

Wie bereits erwähnt, entspricht die Multiplikation mit i einer Drehung (oder einem Sprung) um 90°. Zur Verdeutlichung multiplizieren wir $(3x + 4i)$ mit i. Aus $i(3x + 4i)$ wird $3i + 4i^2$. $4i^2$ ist -4, die neue komplexe Zahl lautet also $-4 + 3i$ und steht im linken oberen Teil des Millimeterpapiers.

Auch hier berechnen wir die Länge der Strecke mit dem Satz des Pythagoras auf 5, und mithilfe der Trigonometrie finden wir ihren Winkel mit der negativen reellen Achse. Dazu nehmen wir den reziproken Tangens von $\frac{3}{4}$ oder $\tan^{-1}\left(\frac{3}{4}\right) = \theta \approx 37°$. Wie man nun sieht, liegt zwischen den Zahlen $(3 + 4i)$ und $(-4 + 3i)$ ein Winkel von 90°. Die Multiplikation mit i dreht also die Linie um 90°, verändert ihre Länge aber nicht.

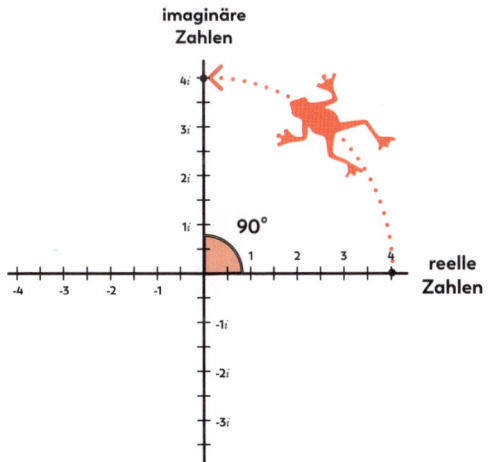

imaginäre Zahlen

90°

reelle Zahlen

Durch eine Multiplikation mit i springt der Frosch um 90°, also halb so weit wie bei der Multiplikation mit –1.

Addition komplexer Zahlen

Komplexe Zahlen zu addieren, ist ganz einfach; man addiert zuerst die reellen, dann die imaginären Teile. Beispielsweise $(3 + 4i) + (2 + 5i)$: das ergibt $(5 + 9i)$.

Grafisch kann man dies auf zwei Arten darstellen. Im ersten Fall zeichnen wir für jede komplexe Zahl die Strecke vom Nullpunkt. Die erste verläuft drei, die zweite zwei Einheiten nach rechts – der Gesamtabstand beträgt 5. Die erste Zahl verläuft vier, die zweite fünf Einheiten nach oben, ein Gesamtabstand von 9. Die zweite Methode ist ein Kopf-Schwanz-Verfahren (s. Graph 8). Wir bewegen uns zuerst drei Einheiten nach rechts und vier nach oben, dann von diesem Punkt noch einmal zwei nach rechts und fünf nach oben, so dass wir uns am Ende rechts bei Punkt 5 und oben bei Punkt 9 befinden.

GRAPH 8

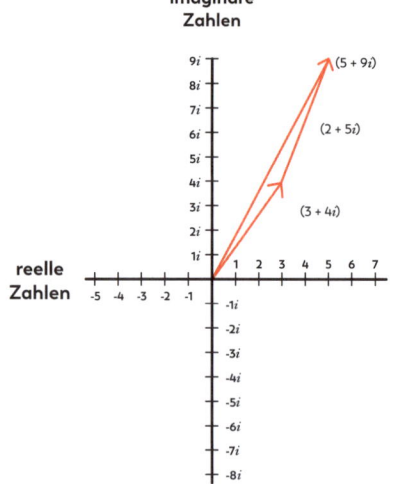

imaginäre Zahlen

reelle Zahlen

Multiplikation komplexer Zahlen

Komplexe Zahlen multipliziert man genauso wie Binome (s. S. 34/35); sie sind schlicht Binome mit einem reellen und einem imaginären Teil. Multiplizieren wir beispielsweise $(3 + 4i)(2 + 5i)$. Wie bei allen Binomen multiplizieren wir jedes Glied mit jedem anderen:

$$(3 + 4i)(2+5i) = 6 + 15i + 8i +20i^2$$
$$= 6 + 23i - 20 = -14 + 23i$$

Wie gesagt $i^2 = -1$
$20i^2$ ist also $20(-1)$ oder -20.

Dies lässt sich grafisch darstellen, indem man die beiden ursprünglichen Binome und das Binom im Ergebnis aufzeichnet. Wir wollen die Schritte einzeln nachvollziehen.

Graph von $(3 + 4i)$

Der Punkt für $(3 + 4i)$ befindet sich drei Einheiten nach rechts und vier nach oben. Wenn wir eine Strecke zeichnen und den Satz des Pythagoras anwenden, finden wir für die Strecke die Länge 5:

$$3^2 + 4^2 = c^2$$
$$9 + 16 = c^2$$
$$25 = c^2 \text{ oder } c = 5.$$

Den Winkel finden wir mit trigonometrischen Methoden (s. S. 39); wir nehmen den reziproken Tangens von $\frac{4}{3}$ oder:

$$\tan^{-1}\left(\tfrac{4}{3}\right) = \theta \approx 53{,}13°$$

Graph von $(2 + 5i)$

Der Punkt für $(2 + 5i)$ befindet sich zwei Einheiten nach rechts und fünf nach oben. Wenn wir von dort eine Linie zum Nullpunkt ziehen und den Satz des Pythagoras anwenden, können wir die Länge dieser Strecke auf $i = \sqrt{29}$ berechnen, das entspricht ungefähr:

$$2^2 + 5^2 = c^2$$
$$4 + 25 = c^2$$
$$29 = c^2 \text{ oder}$$
$$c = \sqrt{29} \text{ or } c = 5{,}3852$$

Den Winkel finden wir mit der trigonometrischen Methode; wir nehmen den reziproken Tangens von $\frac{5}{2}$ oder $\tan^{-1}(\frac{5}{2}) = \theta \approx 68{,}20°$.

Graph von $(-14 + 23i)$

Der Punkt für $(-14 + 23i)$ befindet sich 14 Einheiten nach links und 23 nach oben. Mit einer Linie zum Nullpunkt und dem Satz des Pythagoras können wir die Länge dieser Strecke auf $i = \sqrt{725}$ berechnen, das entspricht ungefähr 26,926:

$$(-14)^2 + 23^2 = c^2 \text{ dann}$$
$$196 + 529 = c^2 \text{ dann}$$
$$725 = c^2 \text{ or}$$
$$c = \sqrt{725} \text{ or } c = 26{,}926$$

Den Winkel finden wir mit der Trigonometrie; wir nehmen den reziproken Tangens von $\frac{23}{14}$ oder $\tan^{-1}(\frac{23}{14}) = \theta \approx 58{,}67°$.

Dieser Winkel befindet sich zwischen der negativen reellen Achse und der Linie. Um den Winkel zwischen der Strecke und der positiven reellen Achse zu finden, subtrahieren wir den berechneten Winkel von 180°. Der Winkel zur positiven reellen Achse beträgt also 180° – 58,67° oder 121,33°.

Wir fügen alles zusammen

Diese Länge von 26,926 für das Binom entspricht der Multiplikation der Längen der beiden ursprünglichen Binome 5 und 5,3852. Der Winkel für das Ergebnis (121,33°) ist die Summe der Winkel zwischen den beiden ursprünglichen Binomen und der positiven reellen Achse. Als Graph (s. Graph 9): Bei der Multiplikation zweier komplexer Zahlen multipliziert man ihre Längen und man addiert die Winkel, die sie mit der positiven reellen Achse bilden.

komplexe Zahl	Länge	Winkel
$(3 + 4i)$	5	53,13°
$(2 + 5i)$	5,3852	68,20°
$(-14 + 23i)$	26,926	121,33°

GRAPH 9

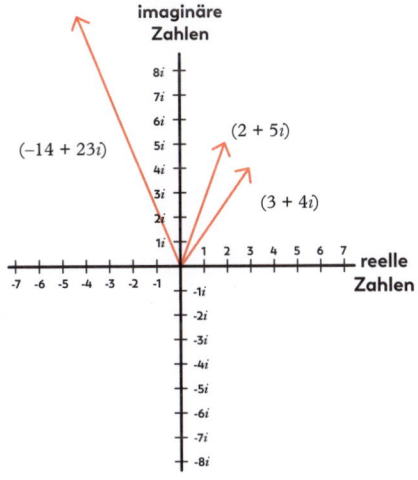

Konjugierte Zahlen

Konjugierte Zahlen sind eine elegante Methode, um aus zwei komplexen Zahlen eine reelle Zahl abzuleiten. Als konjugiert bezeichnet man komplexe Zahlen, deren reelle Teile gleich sind, während der eine imaginäre Teil zum anderen negativ ist. ($3 + 4i$) und ($3 - 4i$) sind beispielsweise konjugierte Zahlen. Sie sind nützlich: Wenn man sie multipliziert, verschwinden die imaginären Teile.

Starten wir mit folgendem Ausdruck:

$$(3 + 4i)(3 - 4i)$$

Durch Ausmultiplizieren erhalten wir:

$$9 - 12i + 12i - 16i^2$$

Wie gesagt: $i^2 = -1$; demnach ist $-16i^2 = -16(-1)$ oder $+16$; $-12i$ und $12i$ heben sich auf, und wir erhalten:

$$9 + 16 = 25.$$

GRAPH 10

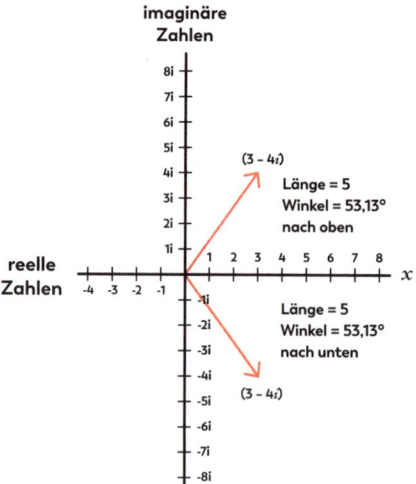

imaginäre Zahlen

reelle Zahlen

($3 - 4i$)
Länge = 5
Winkel = 53,13°
nach oben

Länge = 5
Winkel = 53,13°
nach unten

($3 - 4i$)

Bei der Multiplikation komplexer Zahlen multiplizieren wir Strecken und wir addieren Winkel (s. S. 108/109). Wie wir beim Graphen 10 erkennen, bildet die erste komplexe Zahl einen Winkel von 53,13° unterhalb der positiven reellen Achse, die zweite hat einen Winkel von 53,13° oberhalb der positiven reellen Achse. Die Addition dieser beiden Winkel ergibt also 0° und damit eine reelle Zahl.

In der Lösung von Polynomgleichungen mit reellen Koeffizienten kommen manchmal komplexe Zahlen vor. Diese treten dann paarweise auf: Eine komplexe Zahl wird jeweils von ihrer konjugierten Zahl begleitet.

Konjugierte Zahlen, nützlich gemacht
Die Division komplexer Zahlen erfordert die Anwendung der konjugierten Zahl. Dividieren wir zum Beispiel $\frac{(-8 + 3i)}{(3 + 2i)}$. Zuerst multiplizieren wir Zähler und Nenner durch die konjugierte Zahl des Nenners, dann multiplizieren wir Zähler und Nenner aus, schließlich vereinfachen wir; damit erhalten wir folgende Reihe von Gleichungen:

$$\frac{(-8 + 3i)}{(3 + 2i)} = \frac{(-8 + 3i)}{(3 + 2i)} \cdot \frac{(3 - 2i)}{(3 - 2i)} = \frac{-24 + 16i + 9i - 6i^2}{9 - 6i + 6i - 4i^2} =$$

$$\frac{-24 + 25i + 6}{9 + 4} = \frac{-18 + 25i}{13} = \frac{-18}{13} + \frac{25i}{13}$$

also $\dfrac{(-8 + 3i)}{(3 + 2i)} = \dfrac{-18}{13} + \dfrac{25i}{13}$

Die Division erfolgt nach dem gleichen grafischen Verfahren wie die Multiplikation. Bei der Division komplexer Zahlen dividiert man aber die Strecken und subtrahiert die Winkel.

RAFAEL BOMBELLI

Rafael Bombelli wurde 1526 in Bologna geboren. Nach Cardano und Tartaglia repräsentierte er zusammen mit Cardanos Assistent Lodovico Ferrari die nächste Generation der großen Mathematiker aus Norditalien, damals das Zentrum dieser Wissenschaft.

Bombellis Vater war Wollhändler, deshalb studierte Rafael nicht an der Universität. Seine mathematischen Kenntnisse verdankte er vielmehr dem Architekten und Ingenieur Pier Francesco Clementi.

Bombelli folgte diesem auf den Weg der Ingenieurwissenschaft. Als aber das Projekt, an dem er mitarbeitete, 1555 aufgegeben wurde, entschloss er sich, ein umfassendes Werk über Algebra zu schreiben, um das Thema besser verständlich zu machen. Aber 1560, noch bevor er das Buch vollendet hatte, musste er seine berufliche Tätigkeit wieder aufnehmen. Nun vergingen fast zehn Jahre, bevor Bombellis Schriften erschienen. Das war aber nicht unbedingt von Nachteil. Bombelli wurde nach Rom und zur Mitarbeit an weiteren technischen Projekten eingeladen, und in dieser Zeit lernte er auch die Arbeiten des griechischen Mathematikers Diophantos (s. S. 64/65) kennen. Bombelli machte sich an eine Übersetzung von Diophantos' *Arithmetica*; das Werk blieb zwar unvollendet, es hatte aber großen Einfluss auf seine Erkenntnisse in der Algebra.

Als die drei Bände von Bombellis Algebra schließlich erschienen, fanden sich darin einige von Diophantos übernommene Aufgaben wieder. Zwei weitere Teile über Geometrie waren bei seinem Tod 1572 noch nicht vollendet; die Manuskripte wurden jedoch später wiederentdeckt.

Bombellis Arbeit war aus zwei Gründen von großer Bedeutung: Erstens handhabte er mühelos die negativen Zahlen, und zweitens formulierte er die Regeln für Addition, Subtraktion und Multiplikation komplexer Zahlen.

Quadratische Gleichungen, Parabeln und komplexe Zahlen

Quadratische Gleichungen sind sehr wichtig. Mit ihnen lässt sich nicht nur die Kraft formulieren, die uns auf der Erde festhält (die Gravitation), sondern sie sind auch nützlich für alle möglichen Steuerungssysteme, von der Papiermühle bis zur Chemiefabrik.

Alles fließt zusammen

In Kapitel 3 haben wir quadratische Gleichungen auf verschiedenen Wegen gelöst: durch Zerlegen, „Umdrehen und KaKS", Vervollständigung der Quadrate und mit der Quadratformel. In diesem Kapitel ging es um Parabeln und komplexe Arithmetik. Jetzt sollen all diese Gedanken zusammenfließen.

Bei der Lösung von Polynomen – hier quadratische Gleichungen – suchen wir den Wert von x, für den die Gleichung Null wird. Zur Konstruktion der grafischen Darstellung einer quadratischen Gleichung (der Parabel) führen wir die Variable y ein.

Eine quadratische Gleichung mit zwei Lösungen

Für den Anfang wollen wir eine quadratische Gleichung lösen, die den Mathematikern aller Zeiten gefallen hätte: Ihre Lösungen sind zwei positive ganze Zahlen. Wir analysieren $0 = x^2 - 6x + 5$ auf zwei Wegen: durch Betrachtung der Kurve und mithilfe der Quadratformel.

Durch Anwendung der Quadratformel erhalten wir:

$$\frac{-b \pm \sqrt{b^2 - 4ac}}{2a}$$

$$\frac{-(-6) \pm \sqrt{(-6)^2 - 4(1)(5)}}{2(1)}$$

$$\frac{6 \pm \sqrt{36 - 20}}{2}$$

$$\frac{6 \pm \sqrt{16}}{2}$$

$$\frac{6 \pm 4}{2}$$

Daraus ergibt sich $\frac{(6+4)}{2} = \frac{10}{2} = 5$ und $\frac{(6-4)}{2} = \frac{2}{2} = 1$.

Die Lösung für die Polynomgleichung $0 = x^2 - 6x + 5$ ist also mit der Quadratformel zu finden. Die Lösungen zeigen auch, an welchen Stellen die Parabel die x-Achse schneidet.

... mit einer Lösung

Betrachten wir jetzt einmal die Gleichung $0 = x^2 - 6x + 9$. Durch Anwendung der Quadratformel erhalten wir:

$$\frac{-b \pm \sqrt{b^2 - 4ac}}{2a}$$

$$\frac{-(-6) \pm \sqrt{(6)^2 - 4(1)(9)}}{2(1)}$$

$$\frac{6 \pm \sqrt{36 - 36}}{2}$$

$$\frac{6 \pm \sqrt{}}{2}$$

$$\frac{6 \pm 0}{2}$$

Daraus ergibt sich $\frac{(6+0)}{2} = \frac{6}{2} = 3$ und $\frac{(6-0)}{2} = \frac{6}{2} = 3$.

Die Lösung für diese Gleichung finden wir also auch mit der Quadratformel. Die Lösungen zeigen zudem, wo die Parabel die x-Achse schneidet. Da es sich um zwei gleiche Lösungen handelt, berührt die Parabel die x-Achse nur an einer Stelle.

... mit imaginären Zahlen

Nun betrachten wir $0 = x^2 - 6x + 13$. Durch Anwendung der Quadratformel erhalten wir:

$$\frac{-b \pm \sqrt{b^2 - 4ac}}{2a}$$

$$\frac{-(-6) \pm \sqrt{(-6)^2 - 4(1)(13)}}{2(1)}$$

$$\frac{6 \pm \sqrt{36 - 52}}{2}$$

$$\frac{6 \pm \sqrt{-16}}{2}$$

$$\frac{6 \pm 4i}{2}$$

Daraus ergibt sich $\frac{(6+4i)}{2}$ oder $(3 + 2i)$ und $\frac{(6-4i)}{2}$ oder $(3 - 2i)$.

Auch hier ist die Lösung also mit der Quadratformel zu finden. Die Kurve schneidet aber die x-Achse nicht: es gibt keine reellen Lösungen. Die Lösungen haben vielmehr einen imaginären Bestandteil und sind demnach komplexe Zahlen. Außerdem handelt es sich bei den Lösungen $(3 + 2i)$ und $(3 - 2i)$ um konjugierte Zahlen.

Zusammenfassung

Ist der Wert unter der Quadratwurzel (die „Diskriminante") positiv, hat die Gleichung zwei reelle Lösungen, und die Parabel schneidet die x-Achse an zwei Stellen. Ist der Wert unter der Quadratwurzel gleich Null, ergeben sich zwei gleiche Lösungen – die Parabel berührt die x-Achse an einem Punkt. Bei einer negativen Diskriminante ergeben sich zwei komplexe Lösungen, und die Parabel berührt die x-Achse überhaupt nicht.

GRAPH 11

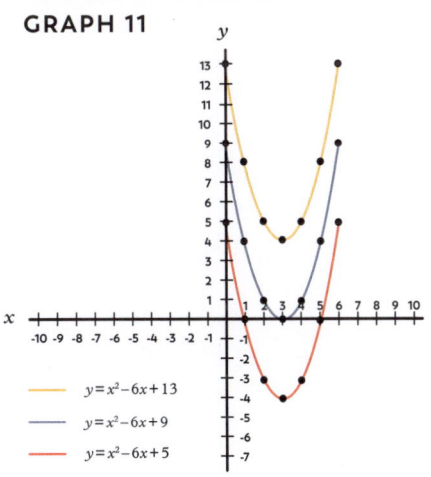

$y = x^2 - 6x + 13$

$y = x^2 - 6x + 9$

$y = x^2 - 6x + 5$

113

Kapitel 5

Europa nach der Renaissance

Als die Renaissance sich von Italien aus verbreitete, blühte die mathematische Kreativität in Europa auf. In dieser Phase der frühen Neuzeit lebten drei der größten Mathematiker aller Zeiten: Pascal, Descartes und Gauß. Einige Genies aus jener Zeit werden wir in diesem Kapitel kennenlernen und mit ihnen wird uns auch eine der schönsten mathematischen Konstruktionen begegnen: das Pascalsche Dreieck.

Porträt

René Descartes

Der Ort La Haye änderte seinen Namen 1802 zu Ehren von René Descartes in La Haye-Descartes, 1967 ließ man den Namen La Haye völlig fallen. Schon wenn eine Straße nach einer Persönlichkeit benannt wird, ist das eine große Ehre – umso mehr, wenn der Geburtsort seinen Namen wechselt.

Descartes wurde 1596 in La Haye (dem heutigen Descartes) geboren. Seine Mutter starb an Tuberkulose, als er noch ein Baby war. Mit acht Jahren trat er in das Jesuitenkolleg in La Flèche ein, wo er bis zu seinem 16. Lebensjahr studierte. Während dieser Zeit war Descartes nicht bei guter Gesundheit und man gestattete ihm, bis zum späten Vormittag im Bett zu bleiben – eine Gewohnheit, die er fast während seines ganzen Lebens beibehielt. Im Jahr 1616 verlieh die Universität Poitiers ihm den Titel eines Rechtsgelehrten. Kurz danach ging er zum Militär.

Einer Legende zufolge fiel Descartes 1619, als er durch die Straßen der niederländischen Stadt Breda ging, ein in Niederländisch verfasstes Plakat in die Augen. Er bat einen Passanten auf Lateinisch, es für ihn zu übersetzen. Der Passant war der ungefähr acht Jahre ältere

Isaac Beeckman, ein niederländischer Philosoph und Wissenschaftler. Beeckman erklärte sich einverstanden, das Plakat – das von einer geometrischen Frage handelte – zu übersetzen, wenn Descartes die Aufgabe lösen würde. Natürlich gelang diesem die Lösung innerhalb weniger Stunden, und damit begann eine lange Freundschaft.

Im Frühjahr 1621, um seinen 25. Geburtstag herum, nahm Descartes in der Armee seinen Abschied, und nun reiste er bis 1628 kreuz und quer durch Europa. Dabei kam er unter anderem nach Böhmen, Ungarn, Deutschland, Holland, Frankreich und schließlich wiederum nach Holland.

Descartes in Holland

In Holland verfasste Descartes die Werke, mit denen er sowohl unter Mathematikern als auch unter Philosophen berühmt wurde. Kurz nach seiner Ankunft begann er mit der Arbeit an dem Buch *Le Monde* („Die Welt"), aber nachdem er sich damit mehrere Jahre beschäftigt hatte, entschloss er sich, es nicht zu veröffentlichen. Vermutlich standen dahinter ganz vernünftige Überlegungen: Kurz zuvor hatte er gehört, dass Galilei in Italien unter Hausarrest gestellt worden war, weil er es gewagt hatte, die Weltanschauung der Kirche infrage zu stellen.

Descartes' nächstes Werk, der *Discours de la Méthode Pour Bien Conduire sa Raison et Chercher la Vérité dans les Sciences* („Abhandlung über die Methode des richtigen Vernunftgebrauchs und der wissenschaftlichen Wahrheitsforschung"), besser bekannt als „Discours de la Méthode", erschien 1637.

Der Discours de la Méthode

Kernstück des *Discours* waren Descartes' Gedanken über die Wahrheit. In diesem Werk findet sich der vermutlich berühmteste Satz der Philosophie: „Cogito ergo sum" – „Ich denke, also bin ich", ursprünglich formuliert als „Je pense, donc je suis".

Der *Discours* hat drei Anhänge: „La Dioptrique" über Optik, „Les Météores" über Meteorologie und „La Géométrie" über Geometrie.

„La Géométrie" ist der bedeutendste Teil des Discours. In diesem Anhang steckt Descartes den Rahmen der analytischen Geometrie ab. Aus seinem Text beziehen wir die Grundlagen unserer Form der Algebra, und von nun an können Schüler ein Werk über Algebra lesen, ohne sich mit problematischen Schreibweisen auseinandersetzen zu müssen. Descartes stellte zwischen Geometrie und Algebra eine Verbindung her, die uns heute selbstverständlich erscheint. Interessanterweise verdanken wir diesem Anhang auch das kartesianische Koordinatensystem und damit das Millimeterpapier. („Kartesisch" bedeutet einfach „nach Descartes" – nach ihm wurde also nicht nur eine Stadt benannt!)

Frühes Aufstehen kann tödlich sein

Im Jahr 1649 zog Descartes auf Veranlassung der schwedischen Königin Christina nach Stockholm. Die Herrscherin wünschte, von ihm frühmorgens in einer Reihe von Unterrichtsstunden unterwiesen zu werden. Aber Descartes war es gewohnt, bis fast um die Mittagszeit im Bett zu bleiben; Vermutungen zufolge führte das erzwungene frühe Aufstehen dazu, dass sein Immunsystem geschwächt wurde – jedenfalls bekam er eine Lungenentzündung. Nach nur vier Monaten in Stockholm starb Descartes am 11. Februar 1650.

> *„Der gesunde Verstand ist das, was in der Welt am besten verteilt ist; denn jedermann meint damit so gut versehen zu sein, dass selbst Personen, die in allen anderen Dingen schwer zu befriedigen sind, doch an Verstand nicht mehr, als sie haben, sich zu wünschen pflegen."*
> *– Discours de la Méthode*

WEITERE WERKE

Meditationen über die Grundlagen der Philosophie
Erweiterung des *Discours*: Gedanken über Geist und Körper, Wahrheit und Irrtum und das Dasein.

Prinzipien der Philosophie
In diesem Werk bemüht sich Descartes, das Universum aus mathematischer Sicht zu verstehen.

Die Leidenschaften der Seele
Dieses Werk ist der Prinzessin Elisabeth von Böhmen gewidmet und beschäftigt sich mit Gefühlen.

Geraden zeichnen

Millimeterpapier verbindet die Geometrie einer Funktion – in diesem Fall einer Geraden – mit der dahinterstehenden Algebra. Als Erster stellte Descartes diesen Zusammenhang her. Der Graph vermittelt uns ein Bild von einer Gleichung – er zeigt, was die Zahlen bedeuten. Am häufigsten sind lineare mathematische Zusammenhänge, beispielsweise zwischen Telefongebühren und Sprechzeit. Lineare Funktionen können viele Formen annehmen – ganz verschiedene Gleichungen lassen sich durch eine Gerade darstellen. Hier sind drei häufig verwendete Formen.

Steigung und Punkt

In Beispiel 1 erfahren wir zunächst etwas über die Gerade, dann finden wir die Gleichung und zeichnen sie. In der Form mit Steigung und Punkt lautet die Gleichung $y - y_1 = m(x - x_1)$, wobei x_1 und y_1 den Punkt auf der Geraden und m ihre Steigung angeben.

Eine Gerade verläuft durch den Punkt $(3, 4)$ und hat die Steigung $\frac{2}{3}$. Schreibe die Gleichung und zeichne die Gerade.

Nun, der Punkt $(3, 4)$ ist in der Gleichung durch x_1 und y_1 repräsentiert und m steht für die Steigung $\frac{2}{3}$. Die Gleichung lautet also $y - 4 = \frac{2}{3}(x - 3)$.

Um die Gerade zu zeichnen, suchen wir den Punkt auf dem Millimeterpapier. Da $\frac{2}{3}$ die Steigung ist, gibt sie das Verhältnis von senkrechter zu waagerechter Strecke an. Vom Punkt $(3, 4)$ begeben wir uns zwei Einheiten nach oben und drei nach rechts. Zuletzt ziehen wir eine Gerade durch die beiden Punkte und vervollständigen so den Graphen (s. unten).

Steigung und y-Schnittpunkt

Hier haben wir die Gerade. Jetzt müssen wir die zugehörige Gleichung sowie weitere Informationen finden. Wenn die Steigung und der Schnittpunkt mit der y-Achse angegeben sind, hat die Gleichung die Form $y = mx + b$, wobei m die Steigung und b der Schnittpunkt mit der y-Achse ist. Ermitteln wir also die Steigung und den y-Schnittpunkt des Graphen 13, und schreiben wir dann die Gleichung!

An dem Graphen erkennen wir, dass die Gerade die y-Achse am Punkt 3 schneidet. Dies ist also der Wert b. Von dort fällt die Gerade auf ihrem Weg um zwei Einheiten nach rechts um eine Einheit ab. Dies entspricht einer Steigung von $\frac{-1}{2}$, das heißt

GRAPH 12

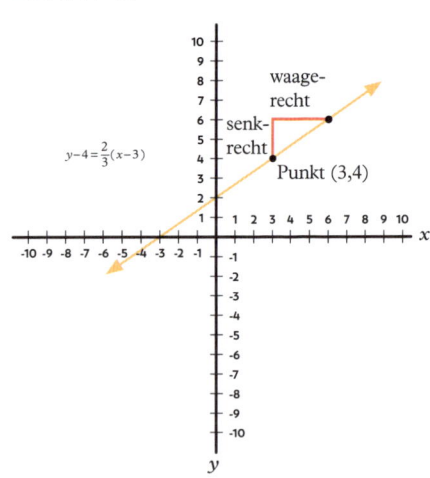

GRAPH 13

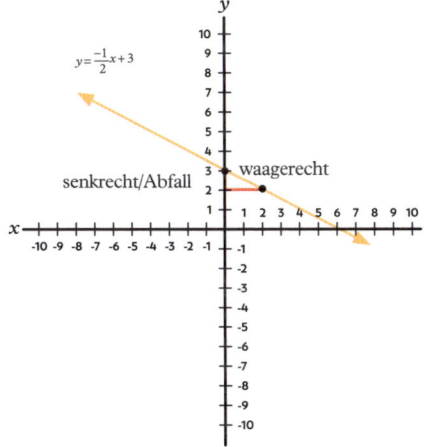

GRAPH 14

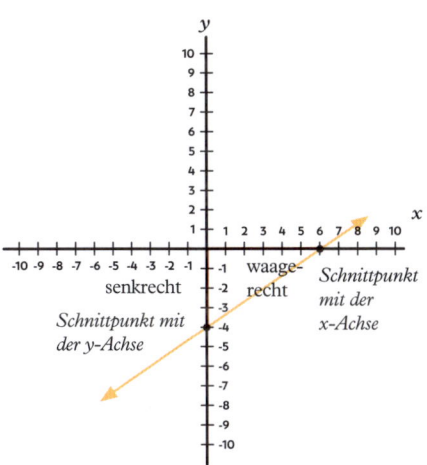

$m = \frac{-1}{2}$. Wir setzen diese Information in die Gleichung ein und erhalten $y = \frac{-1}{2}x + 3$.

Normalform

In Beispiel 3 ist uns die Gleichung bekannt, und wir leiten daraus die Gerade sowie Informationen über sie ab. Die Normalform der Gleichung lautet $ax + by = c$, wobei a, b und c ganze Zahlen sind und a positiv sein muss. (Die Einschränkungen für a, b und c sind willkürlich gewählt.) Als Beispiel stellen wir $2x - 3y = 12$ grafisch dar.

Dabei bedienen wir uns der „Verschleierungsmethode", wie ich sie gerne nenne. Die x- und y-Achsen werden häufig übersehen, aber wenn wir einen Punkt auf der y-Achse haben, kennen wir eines mit Sicherheit: den x-Wert für diesen

Punkt. Jeder Punkt auf der y-Achse hat den x-Wert 0. Das ist sehr nützlich. Wenn wir in der Gleichung $x = 0$ setzen, finden wir einen Punkt auf der y-Achse. Wir „verschleiern" also den x-Term und lösen die Gleichung $-3y = 12$. Durch Isolieren erhalten wir $y = -4$, den Schnittpunkt mit der y-Achse.

Mit der gleichen Methode suchen wir nun den Schnittpunkt mit der x-Achse: Wir „verschleiern" den y-Term und erhalten $2x = 12$ oder $x = 6$, den Schnittpunkt mit der x-Achse.

Damit haben wir für den Graphen 14 zwei Punkte, durch die wir eine Gerade ziehen können. Wir kennen die Schnittpunkte mit beiden Achsen: Daraus können wir die Steigung mit $\frac{4}{6}$ oder $\frac{2}{3}$ berechnen.

Übung 15

Gewinnoptimierung

DIE AUFGABE:

Wayne stellt Hockey- und Krocketschläger her. Das Zusammensetzen eines Hockeyschlägers dauert 40 Minuten, eines Krocketschlägers 20 Minuten. Die Lackierzeit beträgt beim Hockeyschläger 15 und beim Krocketschläger 30 Minuten. Bis zu 40 Stunden pro Woche stehen für das Zusammensetzen und 30 Stunden für das Lackieren zur Verfügung. Mit einem Hockeyschläger sind 50 Euro, mit einem Krocketschläger 25 Euro zu verdienen. Wie viele Hockey- und Krocketschläger sollte Wayne pro Woche produzieren, um seinen Gewinn zu maximieren?

DIE METHODE:

Zur Lösung einer solchen Optimierungsaufgabe bedienen wir uns der sogenannten „linearen Programmierung".

Schritt 1: Wir stellen zur Wiedergabe jedes Aspekts der Aufgabe eine Gleichung auf. Die Gleichung für die Zeit des Zusammensetzens lautet $\frac{2}{3}H + \frac{1}{3}K \leq 40$. Daraus können wir einen Zeitaufwand von $\frac{2}{3}$ einer Stunde (h) für das Zusammensetzen eines Hockeyschlägers und $\frac{1}{3}$h für das Zusammensetzen eines Krocketschlägers ablesen; alles zusammen darf nicht mehr als 40 Stunden dauern. Für das Lackieren lautet die Gleichung $\frac{1}{4}H + \frac{1}{2}K \leq 30$. Daraus ergeben sich $\frac{1}{4}$ h für das Lackieren eines Hockeyschlägers und $\frac{1}{2}$ h für das Lackieren eines Krocketschlägers. Insgesamt darf es höchstens 30 Stunden dauern.

Für den Gewinn sieht die Gleichung so aus: *Gewinn* = 50H + 35K (der Gewinn beträgt 50€ je Hockey- und 35€ je Krocketschläger).

Schritt 2: Um die Gleichungen für Zusammensetzen und Lackieren grafisch darstellen zu können, müssen wir beide in die Normalform bringen. Die Gleichungen enthalten leider Brüche. Diese können wir loswerden, wenn wir in der Gleichung für das Zusammensetzen ($\frac{2}{3}H + \frac{1}{3}K \leq 40$) jeden einzelnen Term mit 3 multiplizieren. Damit sich die Lösung nicht ändert, müssen wir dies auf beiden Seiten der Gleichung tun: wir erhalten $2H + 1K \leq 120$.

In der Gleichung für das Lackieren ($\frac{1}{4}H + \frac{1}{2}K \leq 30$) multiplizieren wir jeden Term mit 4 und erhalten $1H + 2K \leq 120$.

Schritt 3: Nun zeichnen wir die Gleichungen mit der „Verschleierungs-methode".

$2H + 1K \leq 120$ schneidet die H-Achse bei 60 (ich mache die x-Achse zur Hockeyschläger-Achse) und die K-Achse (y-Achse) bei 120. $1H + 2K \leq 120$ hat also einen H-Schnittpunkt von 120 und einen K-Schnittpunkt von 60.

Wenn wir diese Geraden zeichnen, schaffen wir einen Bereich annehm-barer Werte für H und K. Die einzigen annehmbaren Werte für H und K liegen auf oder unter diesen Linien. Und sie befinden sich nur oberhalb der H- und rechts von der K-Achse, denn eine nega-tive Anzahl von Hockey- oder Krocket-schlägern produzieren wir nicht. Alle annehmbaren Werte liegen also in einem unregelmäßigen Viereck. Mit einem Punkt außerhalb dieses Bereichs ist eine Gleichung oder sind beide nicht erfüllt. Betrachten wir als Beispiel den Punkt (70, 10). Für die Gleichung zum Zusammen-setzen ($2H + 1K \leq 120$) erhalten wir dann $2(70) + 1(10) \leq 120$ oder $140 + 10 \leq 120$ und $150 \leq 120$, was nicht stimmt, obwohl die Gleichung für das Lackieren erfüllt ist.

Dagegen stimmt es für Punkte innerhalb des Vierecks. Hier betrachten wir beispiels-weise $(20, 40)$. Für die erste Gleichung erhalten wir $2(20 + 1(40) \leq 120$, woraus $80 \leq 140$ wird, und für die zweite Gleichung ergibt sich $1(20) + 2(40) \leq 120$, woraus $100 \leq 120$ wird.

GRAPH 15

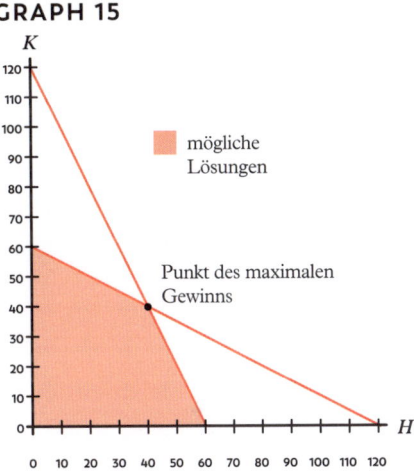

mögliche Lösungen

Punkt des maximalen Gewinns

Schritt 4: Die Werte für den größten und geringsten möglichen Gewinn befinden sich an den Ecken des Vierecks. Diese liegen, wie man in der Grafik erkennt, bei $(0, 0)$, $(0, 60)$, $(60, 0)$ und $(40, 40)$. Um festzustellen, wie man den größtmöglichen Gewinn erzielen kann, setzen wir diese Werte in die Gleichung *Gewinn* = $50H + 35K$ ein.

DIE LÖSUNG:

Wenn wir die vier Werte in die Gleichung für den Gewinn einsetzen, ergibt sich das höchste Ergebnis mit $50(40) + 35(40) = 3400$. Um den Gewinn zu maximieren, sollte Wayne pro Woche 40 Hockey- und 40 Krocketschläger produzieren.

Porträt

Blaise Pascal

Im Gegensatz zu Descartes hat Pascal keine nach ihm benannte Stadt vorzuweisen; es gibt aber in Paris und sicher auch anderswo eine Straße seines Namens. Außerdem wurde eine Maßeinheit zu seinen Ehren benannt: Das „Pascal" (Pa) dient zur Messung des Drucks.

Blaise Pascal wurde 1623 in Clermont (dem heutigen Clermont-Ferrand) geboren. Sein Vater Étienne Pascal war ebenfalls Mathematiker und Wissenschaftler. Als Blaise drei Jahre alt war, starb seine Mutter. Der Vater heiratete kein zweites Mal. Im Jahr 1632 zog Pascals Familie nach Paris.

Étienne unterrichtete seine Kinder selbst. Er wollte Pascal gute Fremdsprachenkenntnisse vermitteln und verbot ihm die Beschäftigung mit Mathematik. Das aber stachelte die Neugier des jungen Pascal nur umso stärker an: Er beschäftigte sich allein mit Mathematik und entwickelte den Satz über die Winkel in einem Dreieck. Als Étienne das merkte, gab er nach und schenkte seinem Sohn ein Exemplar der *Elemente* von Euklid (s. S. 54/55).

In Paris nahm Etienne an Zusammenkünften vieler großer französischer Mathematiker teil. Organisiert wurden die Veranstaltungen von dem Mönch Marin Mersenne, der auch ein Freund Descartes' war (s. S. 116/117).

Bei einem solchen Treffen präsentierte Blaise Pascal noch als Teenager sein erstes mathematisches Werk: Sein Aufsatz über die Kegelschnitte erschien 1640.

Mit Anfang 20 entwickelte Pascal einen Apparat, der seinem Vater bei der Arbeit helfen sollte. Étienne war Steuereintreiber und musste viele Zahlen berechnen – eine Aufgabe, die ihm Pascals „Pascaline" erleichterte. Ungefähr zur gleichen Zeit machte Pascal auch verschiedene Experimente mit dem Druck und vertrat aufgrund der Ergebnisse die Ansicht, es müsse ein Vakuum geben. Als er aber 1647 sein *Neues Experiment betreffend das Vakuum* veröffentlichte, kam es zu Disputen mit anderen Wissenschaftlern. Auch Descartes widersprach Pascal vehement und erklärte, dieser habe „zu viel Vakuum im Kopf".

Im Jahr 1653 schrieb Pascal seine *Abhandlung über das Gleichgewicht der Flüssigkeiten*; darin formulierte er das „Pascalsche Gesetz", wie es später genannt wurde. Es besagt: Druck, der auf eine nicht komprimierbare Flüssigkeit ausgeübt wird, verteilt sich über die gesamte Flüssigkeit und den Behälter. Dieser sehr nützlichen Tatsache haben wir es zu verdanken, dass der Druck, den wir auf das Bremspedal unseres Autos ausüben, sich durch die Bremsflüssigkeit gleichmäßig auf alle vier Räder verteilt. Im gleichen Jahr veröffentlichte Pascal auch die *Abhandlung über das arithmetische Dreieck*; er war zwar nicht der Erste, der sich mit solchen Dreiecken beschäftigte, aber sie wurden mit seinem Namen verbunden: Heute sprechen wir vom „Pascalschen Dreieck" (s. S. 130/131 und 134/135).

Pascal und der Glaube

Im Jahr 1651 – Pascal war 28 – starb sein Vater. 1654 erlitt Pascal selbst einen schweren Unfall. Nach diesen Begegnungen mit dem Tod widmete er sich dem Christentum. Seine Gedanken über den Glauben fasste er in einem Werk mit dem einfachen Titel *Pensées* („Gedanken") zusammen. Als er 1662 starb, war das Buch noch nicht vollendet; es erschien dennoch 1670 und vermittelt uns in Form der Pascalschen „göttlichen Wette" eine der interessantesten Verbindungen von Mathematik, Philosophie und Religion.

Statt über die Existenz Gottes zu diskutieren, formulierte Pascal eine logische Argumentation. Sie besagt: Aus der Kombination aus Gottes Existenz oder Nicht-Existenz und unserem Glauben oder Nicht-Glauben daran ergeben sich vier mögliche Konsequenzen wie in der Tabelle unten. Kurz gesagt behauptete Pascal: Es lohnt sich einfach deshalb, an Gott zu glauben, weil man damit nichts verlieren, aber alles gewinnen kann!

Das wirft allerdings die Frage auf, ob man etwas so Persönliches wie den Glauben auf eine solche Form der Logik gründen kann.

MERSENNE-PRIMZAHLEN

Marin Mersenne (1588–1648) wurde zum Namenspatron für eine bestimmte Form der Primzahlen. Sie entsprechen der Gleichung $2^p - 1$, wobei p eine Primzahl ist. Die Gleichung gilt nicht für alle Werte von p, $2^p - 1$ ist also nicht automatisch eine Primzahl.

Auch heute werden noch Mersenne-Primzahlen gefunden. Mersenne-Primzahlen sind vor allem eine Kuriosität, aber für große Primzahlen gibt es in der Kryptografie eine Reihe von Anwendungsmöglichkeiten. Die folgende Liste nennt einige kleine Mersenne-Primzahlen:

Primzahl	Wert von 2^p-1	Primzahl/ keine Primzahl
2	3	Primzahl
3	7	Primzahl
5	31	Primzahl
7	127	Primzahl
11	2047	keine Primzahl
13	8191	Primzahl
17	131071	Primzahl
19	524286	Primzahl

	Es gibt Gott	Es gibt Gott nicht
Ich glaube	Ich kann alles gewinnen	Ich kann nichts gewinnen
Ich glaube nicht	Ich kann nichts gewinnen*	Ich kann nichts gewinnen

Wenn Gott existiert und rachsüchtig ist, ist dies sogar eine noch schlechtere Möglichkeit!

Fun mit Fakultäten!

5! Was um alles in der Welt bedeutet das? Heißt 5!, dass ich die Zahl 5 aufregend finde? Nun, nicht ganz. 5! ist eine Fakultät, also eigentlich 5 • 4 • 3 • 2 • 1. Anders als man denken könnte, soll Mathematik das Leben einfacher machen. Die Multiplikation ist schlicht eine Methode zum mehrmaligen Addieren, und eine Fakultät (geschrieben *n*!) ist ein Verfahren, um schnell die natürlichen Zahlen von 1 bis *n* zu multiplizieren. Wie wir noch sehen werden, ist das für alle möglichen Aufgaben nützlich.

Was ist eine Fakultät?

Die Funktion der Fakultät ist definiert als $n! = n(n-1)(n-2) \ldots (3)(2)(1)$. Oder einfacher gesagt: $n!$ ist das Produkt aller natürlichen Zahlen von n bis hinunter zu 1. Beispielsweise ist $5! = 5 \cdot 4 \cdot 3 \cdot 2 \cdot 1 = 120$. Seltsam ist nur, dass $0! = 1$. Mit Fakultäten zu arbeiten ist ganz einfach und selbst viele günstige Taschenrechner haben dafür eine Taste.

Am häufigsten verwendet man Fakultäten bei Wahrscheinlichkeitsberechnungen. Angenommen, fünf Männer – Michael, Dean, Fred, Todd und Roger – sollen sich für eine polizeiliche Gegenüberstellung aufstellen. Wie viele Möglichkeiten gibt es für ihre Reihenfolge? Um das herauszufinden, könnte man alle Anordnungen aufschreiben, aber das ist unzuverlässig und dauert lange. Mit Mathematik geht es viel schneller!

Anfangs gibt es fünf Möglichkeiten – jeder der fünf Männer kann der Erste sein. Für die zweite Position bleiben nur noch vier, für die dritte drei, dann noch zwei und schließlich noch einer. Die üblichen Verdächtigen lassen sich also auf 5! verschiedene Arten aufreihen, das heißt auf 5 • 4 • 3 • 2 • 1 oder 120 Arten.

Arbeit mit Fakultäten

Mit Fakultäten zu arbeiten, macht vor allem deshalb Spaß, weil man dabei so klug wirkt. Man könnte beispielsweise meinen, die Vereinfachung von $\frac{10!}{9!}$ sei kompliziert, aber die Lösung lautet einfach 10. Um das festzustellen, brauche ich nicht einmal einen Taschenrechner: Das Problem verschwindet aufgrund der Definition einer Fakultät. Diese kann man auch so schreiben:

$$\frac{10!}{9!} = \frac{10 \cdot 9 \cdot 8 \cdot 7 \cdot 6 \cdot 5 \cdot 4 \cdot 3 \cdot 2 \cdot 1}{9 \cdot 8 \cdot 7 \cdot 6 \cdot 5 \cdot 4 \cdot 3 \cdot 2 \cdot 1}$$

Sieht nicht schön aus, aber wie man leicht erkennt, heben sich die meisten Zahlen in Zähler und Nenner gegenseitig auf:

$$\frac{10!}{9!} = \frac{10 \cdot \cancel{9} \cdot \cancel{8} \cdot \cancel{7} \cdot \cancel{6} \cdot \cancel{5} \cdot \cancel{4} \cdot \cancel{3} \cdot \cancel{2} \cdot \cancel{1}}{\cancel{9} \cdot \cancel{8} \cdot \cancel{7} \cdot \cancel{6} \cdot \cancel{5} \cdot \cancel{4} \cdot \cancel{3} \cdot \cancel{2} \cdot \cancel{1}} = 10$$

Dieses Verfahren ist oft sehr nützlich. Wenn wir beispielsweise $\frac{8!}{6!}$ haben, können wir dies zu $\frac{8 \cdot 7 \cdot 6!}{6!}$ vereinfachen; dann heben sich 6! in Zähler und Nenner auf, und es bleibt 8 • 7 = 56.

Ich spreche hier vom „Zwiebelschälen"; man kann sich damit gut klarmachen, was die Arbeit mit Fakultäten bedeutet.

In unserem Beispiel ist 8! eine Zwiebel mit acht Häuten, die Zwiebel 6! hat sechs Häute. Damit die Zwiebeln sich aufheben, müssen wir sie auf die gleiche Größe bringen. Von der Zwiebel 8! müssen wir also zwei Schichten entfernen: erst die achte, dann die siebte. Jetzt haben wir im Nenner zwei Zwiebelhäute (8 und 7) und eine Zwiebel mit sechs Schichten. Diese können wir nun gegen die sechshäutige Zwiebel im Nenner kürzen.

Sehr hilfreich ist das, wenn wir eine Aufgabe wie $\frac{100!}{98!}$ haben. Sie lässt sich mit dem Taschenrechner nicht berechnen. 100! ist eine so große Zahl, dass der Rechner damit nicht klarkommt. Glücklicherweise haben wir Menschen ein Gehirn, also setzen wir es ein und schälen wir die Zwiebel:

$$\frac{100!}{98!} = \frac{100 \cdot 99 \cdot 98!}{98!} = 100 \cdot 99 = 9900$$

Das ist schön einfach und wir wirken dabei sehr schlau!

Ein letztes Beispiel für das Zwiebelschälen:

$$\frac{16!}{14! \cdot 5!}$$

Zur Vereinfachung schälen wir die 16!, bis sie aussieht wie eine 14!:

$$\frac{16 \cdot 15 \cdot 14!}{14! \cdot 5!}$$

Jetzt können wir die 14! oberhalb und unterhalb des Bruchstrichs kürzen:

$$\frac{16 \cdot 15}{5!}$$

Als Nächstes schreiben wir die 5! als Reihe von Multiplikationen:

$$\frac{16 \cdot 15}{5 \cdot 4 \cdot 3 \cdot 2 \cdot 1}$$

Die Multiplikation von 5 und 3 ergibt einfach 15, und diese können wir gegen die 15 im Zähler kürzen; es bleibt:

$$\frac{16}{4 \cdot 2 \cdot 1}$$

Multiplizieren wir nun noch die Zahlen im Nenner, so erhalten wir

$$\frac{16}{8} \quad \text{oder } 2$$

Und alles ohne Taschenrechner. Spüren Sie, wie die Macht der Fakultäten Sie durchströmt?

Wie Fakultäten bei Binomen angewandt werden:
S. 136/137.

Permutationen und Kombinationen

An der Schule, an der ich unterrichte, kommen die Schüler jedes Jahr im Januar nach zwei Wochen Skiurlaub zurück. Und immer haben ein paar von ihnen dann die Kombinationen für ihre Spinde vergessen. Doch eigentlich haben sie keine Kombination vergessen, sondern eine Permutation, und die Schlösser sollte man eigentlich Permutationsschlösser nennen. Sie wollen wissen, warum? Lesen Sie weiter.

Permutationen

Eine Permutation ist definiert als die Zahl der Wege, auf denen man aus einer Menge von n Elementen eine geordnete Teilmenge von r Elementen erhalten kann. Ein Beispiel:

Bei den Olympischen Spielen nehmen acht Sportler am Finale im 100-Meter-Lauf teil. Auf wie viele Arten können jeweils drei dieser acht Personen anschließend auf dem Treppchen stehen?

Da nur drei der acht Teilnehmer eine Medaille bekommen, sind diese drei Personen die Teilmenge r, die acht Personen stellen die Menge n dar. Da wir sie an die erste, zweite und dritte Position stellen, ist eine Ordnung vorhanden. Wir haben also eine geordnete Teilmenge von drei Personen aus einer Gesamtmenge von acht Personen.

Die Schreibweise für Permutationen lautet $_nP_r$ oder $P(n,r)$, wobei n die Gesamtzahl der Elemente und r die Zahl der geordneten Elemente ist. Die Formel, mit der wir die Lösung finden, lautet

$$_nP_r = \frac{n!}{(n-r)!}$$

Das ergibt in unserem Beispiel:

$$\frac{8!}{(8-3)!} = \frac{8!}{5!} = \frac{8 \cdot 7 \cdot 6 \cdot 5!}{5!} = 8 \cdot 7 \cdot 6 = 336$$

Das kann man zwar mit dem Taschenrechner ausrechnen, mir verschafft es aber eine gewisse Befriedigung, die Berechnung selbst vorzunehmen.

Man kann die Aufgabe auch so betrachten wie die mit der polizeilichen Gegenüberstellung auf S. 124. Wie viele Möglichkeiten gibt es für den siegreichen Läufer? Da jeder gewinnen kann, sind es acht. Für den zweitschnellsten bleiben dann noch sieben und für den drittschnellsten noch sechs. Multiplizieren wir diese Zahlen, gelangen wir zu dem gleichen Ergebnis: 336.

Kombinationen

Eine Kombination ähnelt der Permutation, es gibt aber einen wichtigen Unterschied. Während die Permutation die Zahl der Wege ist, um aus einer Menge von n Elementen eine geordnete Teilmenge

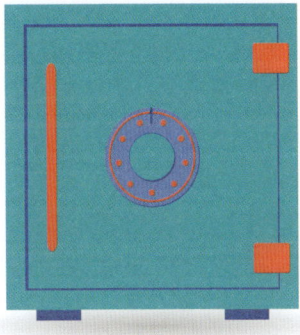

Während es also 336 Permutationen für die Medaillengewinner im Finale gibt, existieren nur 56 Kombinationen für die Sportler, die nach der Vorrunde weiterkommen.

Mit etwas Scharfsinn bemerkt man, dass die Zahl der Kombinationen kleiner ist als die der Permutationen. Der Wert für eine Kombination ist immer kleiner oder gleich dem Wert der Permutation; für die Beziehung zwischen beiden gibt es sogar eine Formel:

von r Elementen zu gewinnen, ist die Kombination die Zahl der Wege zur Gewinnung einer ungeordneten Teilmenge von r Elementen aus einer Menge von n Elementen. Die Schreibweise für eine Kombination lautet $_nC_r$ oder $\binom{n}{r}$. Dazu verwenden wir die Formel $_nC_r = \binom{n}{r}$

$$_nC_r = \frac{n!}{(n-r)!\,r!}$$

Um uns den Unterschied zwischen Permutation und Kombination klarzumachen, können wir unsere Frage abwandeln. In der Vorrunde für den olympischen 100-Meter-Lauf erreichen jeweils die ersten drei die nächste Runde. Wie viele Dreiergruppen von insgesamt acht Teilnehmern sind möglich? Da man nur zu den ersten drei gehören muss, um weiterzukommen, spielt es keine Rolle, ob man Erster, Zweiter oder Dritter ist. Die Teilmenge r kann also ungeordnet sein.

$$_nC_r = \frac{nP_r}{r!}$$

Ordnung oder keine Ordnung?

Oft vergisst man, welche Funktion man anwenden muss, wenn die Ordnung wichtig oder unwichtig ist. Ich selbst benutze dafür eine einfache Eselsbrücke: **P**ermutationen sind **p**einlich auf **P**osition bedacht, **K**ombinationen **k**ümmern sich einen feuchten **K**ehricht darum. Nichts hilft so gut wie eine Alliteration, wenn in den grauen Zellen etwas hängen bleiben soll.

Betrachten wir jetzt noch einmal die Spinde. Bei einem Schloss muss man ein paar Zahlen – beispielsweise drei – in einer bestimmten Reihenfolge einstellen. Ein Schloss, das auf 33, 21, 45 eingestellt ist, öffnet sich nicht, wenn man 21, 33, 45 eingibt. Die Reihenfolge ist also wichtig, und man sollte daher von einem Permutationsschloss sprechen.

$$_nC_r = \frac{8!}{(8-3)!\,3!} = \frac{8!}{5!\cdot 3!} = \frac{8\cdot 7\cdot 6\cdot 5!}{5!\cdot 3!} = \frac{8\cdot 7\cdot 6}{3\cdot 2\cdot 1} = 56$$

Übung 16

David, Stephen, Graham und Neil

DIE AUFGABE:

David, Stephen, Graham und Neil gehen auf Reunion-Tour. In der Vergangenheit haben sie sich öfter gestritten und nun wollen sie sicherstellen, dass alle vier gleichermaßen zur Geltung kommen, wenn sie auf die Bühne treten. Der Gerechtigkeit halber wollen sie sich für die Reihenfolge, in der sie auftreten, alle Möglichkeiten offenhalten. Wie viele Möglichkeiten für diese Reihenfolge gibt es?

DIE METHODE:

Ein Ansatz besteht darin, alle Möglichkeiten aufzuschreiben:

David, Stephen, Graham, Neil

David, Stephen, Neil, Graham

David, Graham, Stephen, Neil

David, Graham, Neil, Stephen

David, Neil, Stephen, Graham

David, Neil, Graham, Stephen

… und so weiter.

Aber: Das wird sehr schnell mühsam, und man hat keine Gewähr, dass man nicht eine Option übersieht. Bisher haben wir nur diejenigen betrachtet, in denen David an erster Stelle steht, und dennoch haben wir schon sechs verschiedene Reihenfolgen. (In Wirklichkeit gibt es für jeden der vier Musiker sechs Reihenfolgen, insgesamt also 24.)

Eine zweite Methode besteht darin, das „Grundprinzip des Zählens" anzuwenden. Dies ist sehr einfach. Wenn es n Möglichkeiten zur Auswahl eines Gegenstandes und m Möglichkeiten zur Auswahl eines anderen gibt, existieren $n \cdot m$ Möglichkeiten, beide auszuwählen. Wenn wir beispielsweise fünf Hemden und drei Krawatten haben, lassen sich diese auf 15 Arten ($5 \cdot 3 = 15$) kombinieren. Damit ist allerdings nicht gesagt, dass auch alle Kombinationen gut aussehen.

Das gleiche Prinzip können wir auf die vier Musiker unserer Band anwenden. Es gibt vier Möglichkeiten, wer als Erster auf die Bühne treten kann. Dann gibt es drei Möglichkeiten für den Zweiten (denn einer ist ja schon auf der Bühne), zwei Möglichkeiten für den Dritten und eine Möglichkeit für den Letzten. Damit erhalten wir $4 \cdot 3 \cdot 2 \cdot 1 = 24$.

Ein letztes Verfahren bedient sich der Permutationen (s. S. 126/127). In unserem Beispiel müssen wir vier Personen aus einer Gruppe von vier Personen auswählen, also

$$_4P_4 = \frac{4!}{(4-4)!}$$

Die $(4-4)!$ im Nenner des Bruchs ergeben natürlich $0!$ und das ist, wie wir bereits wissen, eine getarnte 1. Die Fakultät im Zähler können wir zerlegen und erhalten

$$_4P_4 = \frac{4 \cdot 3 \cdot 2 \cdot 1}{1} \quad \text{oder} \quad \frac{24}{1}$$

Die Lösung lautet also einfach 24.

DIE LÖSUNG:

David, Stephen, Graham und Neil können in 24 verschiedenen Reihenfolgen auf die Bühne treten.

Erst beim 25. Auftritt werden David, Stephen, Graham und Neil wieder in einer der früheren Reihenfolgen auf die Bühne gehen. Die folgende Liste enthält sämtliche Permutationen:

1, 2, 3, 4	3, 1, 2, 4
1, 2, 4, 3	3, 1, 4, 2
1, 3, 2, 4	3, 2, 1, 4
1, 3, 4, 2	3, 2, 4, 1
1, 4, 2, 3	3, 4, 1, 2
1, 4, 3, 2	3, 4, 2, 1
2, 1, 3, 4	4, 1, 2, 3
2, 1, 4, 3	4, 1, 3, 2
2, 3, 1, 4	4, 2, 1, 3
2, 3, 4, 1	4, 2, 3, 1
2, 4, 1, 3	4, 3, 1, 2
2, 4, 3, 1	4, 3, 2, 1

Das Pascalsche Dreieck: Teil 1

Das Pascalsche Dreieck ist voller mathematischer Schönheit und enthält eine Fülle toller Berechnungen. Zunächst muss ich aber darauf hinweisen, dass Pascal nicht als erster Mathematiker dieses Dreieck entdeckte. Es wird in der chinesischen, indischen und persischen Mathematik bereits lange vor der Geburt des Franzosen erwähnt. Dass wir ihm seinen Namen beilegen, hat nur mit der bereits erwähnten abendländischen Voreingenommenheit zu tun.

Wie man das Pascalsche Dreieck erzeugt

Das Pascalsche Dreieck hat eine lange Vergangenheit. Wegen seines Zusammenhanges mit der Erweiterung von Binomen (s. S. 34/35) war es in der Frühzeit der Mathematik sehr nützlich, und etwas ganz Ähnliches wird bereits im 6. Jahrhundert in den Arbeiten des indischen Mathematikers Varahamihira erwähnt. Im 10. Jahrhundert arbeitete der Perser al-Karadschi mit dem Pascalschen Dreieck. Chinesische Mathematiker erwähnten es im 11. Jahrhundert; Jia Xian stellte es damals mit sieben Zeilen auf. Und der Deutsche Peter Apian bildete das Dreieck im 16. Jahrhundert auf der Titelseite eines Buches über Arithmetik ab.

Ein Pascalsches Dreieck lässt sich sehr einfach konstruieren. Man beginnt mit einer 1 an der Spitze und schreibt zwei weitere Einsen rechts und links darunter. Auch in den weiteren Zeilen steht in der Diagonale rechts und links jeweils eine 1, und die Zahlen dazwischen findet man durch Addition der beiden Zahlen, die schräg unmittelbar darüber stehen.

Muster im Pascalschen Dreieck

Das Innere eines Pascalschen Dreiecks ist ein Wunderwerk der mathematischen Muster. Die äußeren Diagonalen enthalten in jeder Zeile rechts und links die 1; in den zweiten Diagonalen findet man die Menge der natürlichen Zahlen; die dritten Diagonalen enthalten Dreieckszahlen und jede zweite Zahl der dritten Diagonale ist eine Sechseckzahl; die vierten Diagonalen schließlich enthalten Tetraederzahlen. Weitere Muster enthalten andere exotische Zahlenkombinationen wie die Pentatop- und Catalanzahlen, für die wir hier leider keinen Platz haben.

Die Konstruktion eines Pascalschen Dreiecks ist ganz einfach.

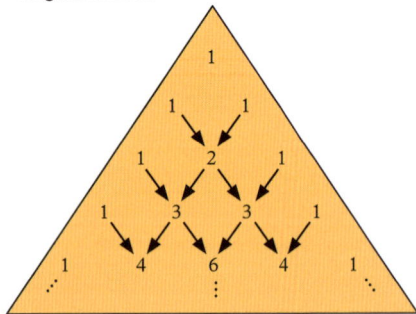

Potenzen im Pascalschen Dreieck

Einen weiteren interessanten mathematischen Aspekt findet man, wenn man die Zahlen in den Zeilen eines Pascalschen Dreiecks addiert. Die Summe aus der ersten Zeile lautet 1, die der zweiten 2 und die der dritten 4. Die vierte Zeile summiert sich auf 8, die fünfte auf 16 und so weiter. Die Summe der Zahlen in den einzelnen Zeilen ist also stets eine Zweierpotenz (s. Kasten).

Neben den Zweier- enthält das Pascalsche Dreieck auch Elferpotenzen. Die 1 in der ersten Zeile ist 11^0 (die nullte Potenz jeder Zahl ist 1). Die zweite Zeile kann man als 11 lesen, also als 11^1, und die nächste kann man als 121 oder 11^2 betrachten. Von nun an wird es einfach: 11^3 ist 1331 und 11^4 ist 14641.

Danach wird die Sache komplizierter: 11^5 ist 161051, aber das sind nicht die Zahlen in der fünften Zeile des Pascalschen Dreiecks; der Grund: Wir haben es jetzt mit zweistelligen Zahlen zu tun.

Dennoch können wir die Gesetzmäßigkeit beibehalten, denn die Zahlen im Dreieck stellen Zehnerpotenzen dar. Von rechts nach links haben wir erst die Einer, dann Zehner, Hunderter, Tausender und so weiter. In der fünften Zeile steht an den Stellen für Hunderter und Tausender jeweils eine 10. Wir müssen also die Hunderter in die Tausender-Spalte und die Tausender in die Zehntausender-Spalte vorziehen.

Sehen wir uns das einmal genauer an: In der fünften Zeile, wo wir 11^5 finden müssten, haben wir 1, 5, 10, 10, 5, 1. Die 1 ganz rechts stellt die Einer dar, die 5 entspricht der Zehnerspalte und so weiter. Dies kann man auch so darstellen:

Reihe im Pascalschen Dreieck	Summe der Zahlen	Potenzen von Zwei
1	1	2^0
2	2	2^1
3	4	2^2
4	8	2^3
5	16	2^4
6	32	2^5

fünfte Zeile		1	5	10	10	5	1
Einer							1
Zehner						5	0
Hunderter					10	0	0
Tausender				10	0	0	0
Zehntausender			5	0	0	0	0
Hunderttausender		1	0	0	0	0	0

Wenn wir die Zehner in die Hunderter- und Tausenderspalte übertragen, erhalten wir 0 in der Hunderter-, 1 in der Tausender- und 6 in der Zehntausenderspalte. Demnach ist

$$11^5 \quad = \quad 1 \ 6 \ 1 \ 0 \ 5 \ 1$$

Mit ein wenig Vorziehen erhalten wir also alle Elferpotenzen, aber das ist in der Mathemagie des Pascalschen Dreiecks erst der Anfang. Weitere interessante Zaubereien finden sich auf S. 134/135.

Übung 17

Das Händedruckproblem

DIE AUFGABE:

Bob und Bono wollen eine Party geben. 20 Gäste sollen kommen. Außerdem wollen sie dafür sorgen, dass jeder Gast die Gelegenheit hat, jeden anderen Gast kennenzulernen – alle kennen Bob und Bono, aber untereinander kennen sie sich alle nicht. Sie engagieren deshalb einen Profi, der die Gäste einander vorstellt. Dieser kassiert für jede Vorstellung zwei Euro und nimmt sich dafür jeweils eine Minute und 15 Sekunden Zeit, bevor er das nächste Paar vorstellt. Wie viele Vorstellungen gibt es? Wie viel Geld bekommt er? Und wie viel verdient er pro Stunde?

DIE METHODE:

Zur Lösung der Aufgabe kann man systematisch alle Begegnungen aufschreiben. Das ergibt bei 20 Personen eine lange Liste, aber wenn wir eine kleinere Anzahl wählen, erkennen wir vielleicht eine Gesetzmäßigkeit. Versuchen wir es einmal mit sechs Personen.

- **A trifft B; B trifft C; C trifft D; D trifft E; E trifft F**

- **A trifft C; B trifft D; C trifft E; D trifft F**

- **A trifft D; B trifft E; C trifft F**

- **A trifft E; B trifft F**

- **A trifft F**

Die Zahl der Begegnungen nimmt von Mal zu Mal ab, weil wir Personen, die bereits vorgestellt wurden, nicht noch einmal vorstellen müssen. (Wenn also Andy bereits Bruce vorgestellt wurde, braucht

Bruce nicht noch einmal Andy vorgestellt zu werden.) Bei sechs Personen ergeben sich demnach $1 + 2 + 3 + 4 + 5 = 15$ Vorstellungen. (Übrigens: 15 ist die fünfte Dreieckszahl, s. S. 16/17.)

Bei 20 Gästen ergeben sich für Andy 19 Begegnungen, für Bruce 18, für Chris 17, und so weiter. Die Zahl der Begegnungen beträgt also $19 + 18 + 17 + 16 + 15 + 14 + 13 + 12 + 11 + 10 + 9 + 8 + 7 + 6 + 5 + 4 + 3 + 2 + 1 = 190$. Eine große Summe, aber auch die 19. Dreieckszahl. Zum Auffinden der Dreieckszahlen gibt es natürlich eine Formel:

$$\frac{(n)(n-1)}{2}$$

oder in unserem Beispiel:

$$\frac{(20)(19)}{2} = 190$$

Eine andere Methode bedient sich der Kombinationen, die wir auf S. 127 bereits kennengelernt haben. Ob Andy nun Bruce oder Bruce Andy trifft, spielt keine Rolle; die Reihenfolge ist unwichtig, also handelt es sich nicht um eine Permutation, sondern um eine Kombination. Wie wir bereits erfahren haben, ist eine Kombination die Zahl der Wege, auf denen man r Elemente aus einer Menge von n Elementen auswählen kann. In unserem Fall ist es die Zahl der Wege, um zwei Menschen aus einer Gruppe von 20 auszuwählen:

$$_{20}C_2 = \frac{20!}{18! \cdot 2!} = \frac{20 \cdot 19 \cdot 18!}{18! \cdot 2!} = \frac{20 \cdot 19}{2} = 190$$

Dies ist die Zahl der Händedrücke. Wenn der Vorstellungsprofi für jede Vorstellung zwei Euro bekommt, beträgt sein Honorar $190 \cdot 2€ = 380€$. Und wenn er für jede Vorstellung eine Minute 15 Sekunden oder 1,25 Minuten braucht, arbeitet er $190 \cdot 1,25 = 237,5$ Minuten oder 3,9583 Stunden, ein wenig aufgerundet also vier Stunden. Sein Stundenlohn beträgt $380 : 4 = 95$ Euro.

DIE LÖSUNG:

Der Vorstellungsprofi stellt 190 mal zwei Personen einander vor. Dafür bekommt er 380 Euro, ein Stundenhonorar von 95 Euro.

Solche Dinge kommen uns vielleicht bekannt vor, weil man die Lösung von Kombinationsaufgaben im Pascalschen Dreieck finden kann. $_{20}C_2$ ist die dritte Zahl in der 21. Zeile.

Auf S. 127: Wie man Kombinationen anwendet, um Binome zu lösen.

Das Pascalsche Dreieck: Teil 2

Die Schönheit und Symmetrie des Pascalschen Dreiecks haben wir bereits erwähnt; und wie bei der Fibonacci-Folge oder dem Goldenen Schnitt, so braucht man auch hier keine Kenntnisse in höherer Mathematik, um diese Schönheit zu erkennen.

Die Schönheit des Pascalschen Dreiecks

Um die Schönheit des Pascalschen Dreiecks zu entdecken, reichen ein paar Buntstifte. Wir suchen uns eine Reihe von Zahlen, die etwas gemeinsam haben – beispielsweise Vielfache von 5 – und geben ihnen eine Farbe. Oder wir wählen eine Zahl, durch die wir die Zahlen des Pascalschen Dreiecks teilen, wobei wir aber Reste lassen und keine Dezimalstellen verwenden. Die Reste liegen zwischen 0 und der Zahl unter der gewählten – wir weisen jedem Rest eine Farbe zu und färben die Stellen entsprechend ein. In beiden Fällen ergeben sich erstaunliche Muster, und mit etwas Fantasie kann man auch noch weitere finden.

Wenn wir mit dem zweiten Verfahren durch 2 teilen und den Rest 1 farbig markieren, erhalten wir das Sierpinski-Dreieck. Der Name erinnert an den polnischen Mathematiker Wacław Sierpinski (1882–1969), der es 1915 beschrieb. Dies zeigt, dass wir auch in der Neuzeit noch neue Zusammenhänge in jahrhundertealten mathematischen Kenntnissen entdecken.

Hier zeigt sich auch ein Zusammenhang zwischen dem Dreieck und der fraktalen Geometrie mit ihren eigenartigen Spiralen und anderen Mustern.

Pascal-Dreieck und Fibonacci-Folge

Ein anderer Trick besteht darin, die Zahlen auf den flachen Diagonalen des Dreiecks zu addieren (s. rechts): Dies ergibt die Fibonacci-Folge. Damit sind drei der schönsten Elemente der Mathematik verknüpft: das Pascalsche Dreieck, die Fibonacci-Folge und der Goldene Schnitt.

Pascals Eishockeyschläger

Ich finde es toll, wie sich Kanadas Nationalsport im Pascalschen Dreieck widerspiegelt. Die Summe der Zahlen in einer beliebigen Diagonale findet

Das Sierpinski-Dreieck: ein fraktales Muster im Pascalschen Dreieck.

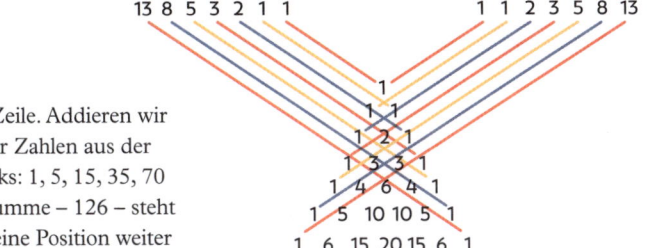

sich in der nächsten Zeile. Addieren wir beispielsweise ein paar Zahlen aus der fünften Diagonale links: 1, 5, 15, 35, 70 und so weiter. Ihre Summe – 126 – steht eine Zeile tiefer und eine Position weiter links. Die Zahlen bilden also den Schaft und die Summe den Kopf des Schlägers. Oder wir addieren rechts die ersten vier Zahlen aus der dritten Diagonale: 1, 3, 6, 10. Ihre Summe finden wir eine Reihe tiefer und eine Position weiter rechts. Der Schlägerschaft kann beliebig lang sein, muss aber mit einer 1 beginnen; der Schlägerkopf befindet sich stets eine Reihe tiefer und eine Position weiter rechts oder links, je nachdem, von wo man ausgegangen ist.

Das Pascalsche Dreieck und die Blüten

Eine letzte hübsche Eigenschaft des Pascalschen Dreiecks sind die Pascalschen Blüten. Jede beliebige Zahl mit Ausnahme derer an den Rändern ist von sechs anderen umgeben wie von Blütenblättern. Multipliziert man jeweils die drei gegenüberliegenden Zahlen, so ergibt sich das

gleiche Produkt wie mit den drei anderen Zahlen. Betrachten wir beispielsweise die Zahl, die in der sechsten Zeile von oben und der dritten Spalte von links steht: eine 10. Um sie herum stehen die Zahlen 4, 6, 10, 20, 15 und 5. Die Multiplikation der nicht benachbarten Zahlen 4, 10 und 15 ergibt 600. Das Produkt der drei übrigen Zahlen 6, 20 und 5 ist ebenfalls 600. Hübsch, nicht wahr?

Ganz links: die Pascalschen Hockeyschläger; rechts: ein Beispiel für die Pascalschen Blüten. Beide zeigen sehr deutlich, welche großartigen Muster sich in dem berühmten Dreieck verbergen.

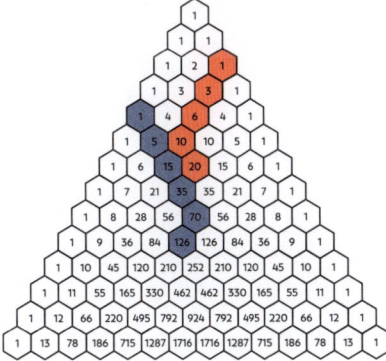

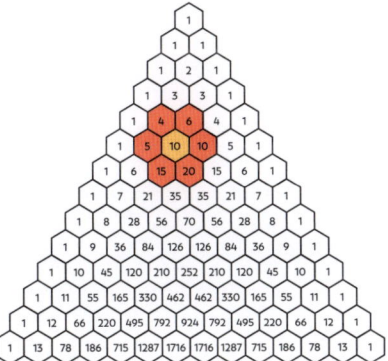

Der binomische Lehrsatz

Der binomische Lehrsatz ist eine angenehme Methode, Binome auszumultiplizieren. Sein Hauptanwendungsgebiet sind Aufgaben der Wahrscheinlichkeitsrechnung, bei denen es nur zwei Möglichkeiten gibt, wie bei einem Münzwurf. Dies hört sich nach einer Einschränkung an, in Wirklichkeit ist es aber sehr nützlich, Dinge in zwei Gruppen einzuteilen.

Ausmultiplizieren von Binomen

Das Ausmultiplizieren von $(x + y)^0$ ergibt 1, denn 1 ist die nullte Potenz jeder Zahl. $(x + y)^1$ ergibt $1x + 1y$.

Um $(x + y)^2$ auszumultiplizieren, müssen wir den Ausdruck zweimal schreiben: $(x + y)(x + y)$; dann wenden wir das Verfahren von S. 34/35 an. Wir erhalten $1x^2 + 1xy + 1xy + 1y^2$, was man zu $1x^2 + 2xy + 1y^2$ zusammenfassen kann.

Um $(x + y)^3$ auszumultiplizieren, müssen wir den Term dreimal schreiben:

$$(x + y)(x + y)(x + y)$$

Nun berechnen und vereinfachen wir die beiden ersten Binome; das ergibt:

$$(x^2 + 2xy + 1y^2)(x + y)$$

Ausmultiplizieren des Trinoms und des Binoms ergibt:

$$1x^3 + 1x^2y + 2x^2y + 2xy^2 + 1xy^2 + 1y^3$$

Dies lässt sich zusammenfassen zu:

$$1x^3 + 3x^2y + 3xy^2 + 1y^3$$

Das wird schnell langweilig. Ich liebe die Mathematik, aber selbst mir ist nicht danach, die Fortsetzung aufzuschreiben. Glücklicherweise kann man das Ausmultiplizieren von Binomen auch anders handhaben. Bisher haben wir Folgendes:

$$(x + y)^0 = 1$$
$$(x + y)^1 = 1x + 1y$$
$$(x + y)^2 = 1x^2 + 2xy + 1y^2$$
$$(x + y)^3 = 1x^3 + 3x^2y + 3xy^2 + 1y^3$$

Wie man leicht erkennt, handelt es sich bei den Koeffizienten der ausmultiplizierten Ausdrücke um Zahlen aus dem Pascalschen Dreieck. Das Binom $(x + y)^4$ können wir also ohne den umständlichen Kram oben ausrechnen. Die Lösung lautet:

$$(x + y)^4 = 1x^4 + 4x^3y + 6x^2y^2 + 4xy^3 + 1y^4$$

Die Koeffizienten sind aber nur ein Aspekt; ein anderer sind die Variablen. Im letzten Ausdruck hat die Variable x am Anfang den Exponenten 4; dieser nimmt dann ab, bis x im letzten Term ganz verschwindet. (In Wirklichkeit steht dort x^0, aber das ist, wie wir schon erfahren haben, gleich 1.)

Die Exponenten von x lauten also 4, 3, 2, 1 und 0. Für y beginnen sie mit 0 und steigen bis 4. Die Summe der Exponenten in jedem einzelnen Term beträgt ebenfalls 4. Dies liegt an dem Exponenten des ursprünglichen Binoms $(x + y)^4$. Wenn wir $(x + y)^5$ ausrechnen wollten, könnten wir also einfach das Pascalsche Dreieck anwenden und die Variablen einsetzen:

Mehr über Kombinationen auf S. 126/127

$$(x + y)^5 = 1x^5 + 5x^4y + 10x^3y^2 + 10x^2y^3 + 5xy^4 + 1y^5$$

Ausmultiplizieren mit Fakultäten

Wie sieht es aus, wenn wir $(x + y)^{13}$ ausrechnen sollen? Wollen wir dann das Pascalsche Dreieck mit 14 Zeilen aufschreiben, nur um die Koeffizienten zu finden? Nein! Zum Glück findet man sie auch mit Fakultäten. Betrachten wir noch einmal das letzte Beispiel:

$$1x^5 + 5x^4y + 10x^3y^2 + 10x^2y^3 + 5xy^4 + 1y^5$$

Der Koeffizient des zweiten Terms ist 5. Diese Zahl findet man auch mit Fakultäten. Die Summe der Exponenten von x und y ist 5, x hat den Exponenten 4 und y den Exponenten 1. Dies kann man als $\frac{5!}{4!\cdot 1!}$ schreiben und das ist gleich 5. Im nächsten Term hat x den Exponenten 3 und y den Exponenten 2. Das ist gleichbedeutend mit $\frac{5!}{3!\cdot 2!}$, was gleich 10 ist. Der Koeffizient berechnet sich also als

$$\frac{\text{(Summe der Exponenten)!}}{\text{(erster Exponent)!(zweiter Exponent)!}}$$

Wenn wir nun $(x + y)^{13}$ ausrechnen wollten – warum nicht? –, würden wir zuerst die Variablen schreiben und später die Koeffizienten hinzufügen. Die ersten fünf Terme würden ohne Koeffizienten so aussehen:

$$x^{13} + x^{12}y + x^{11}y^2 + \ldots$$

Durch Hinzufügen der Koeffizienten erhalten wir:

$$\frac{13!}{13!0!}x^{13} + \frac{13!}{12!1!}x^{12}y + \frac{13!}{11!2!}x^{11}y^2 + \ldots$$

Das Berechnen der Fakultäten ergibt:

$$1x^{13} + 13x^{12}y + 78x^{11}y^2 + \ldots$$

Noch ein Weg zum Ausmultiplizieren

Ein weiterer Weg, um die Koeffizienten zum Ausmultiplizieren eines Binoms zu finden, führt über Kombinationen. Nehmen wir noch einmal das letzte Beispiel $(x + y)^{13}$. Die ersten beiden Terme könnte man berechnen zu

$$_{13}C_0x^{13} + {}_{13}C_1x^{12}y + {}_{13}C_2x^{11}y^2 + \ldots$$

Alle drei Methoden sind im Wesentlichen gleich; man kann die verwenden, die einem am liebsten ist.

Übung 18

Der Münzwurf

DIE AUFGABE:

Jimmy bietet Robert eine Wette an. Jimmy will zehnmal eine Münze werfen. Wenn der Kopf kein-, ein-, zwei-, drei-, sieben-, acht- oder neunmal oben liegt, will er Robert einen Euro geben. Liegt der Kopf aber vier-, fünf- oder sechsmal oben, bekommt Jimmy einen Euro von Robert. Soll Robert die Wette annehmen?

DIE METHODE:

Die meisten Menschen glauben, sie hätten ein intuitives Gefühl für „Chance" oder „Risiko". Tatsächlich sind aber die meisten Menschen entsetzlich schlecht darin, Wahrscheinlichkeiten zu beurteilen. Dies zeigt sich an der großen Zahl der Lottospieler oder derjenigen, die glauben, sie könnten im Casino „die Bank sprengen". Beim Blackjack gibt es tatsächlich die Möglichkeit, die Bank zu sprengen, aber dazu muss man Karten zählen, wird eventuell aus dem Casino geworfen und bekommt, je nachdem, ob man Filmen glaubt, ein paar Finger gebrochen. Aber zurück zu unserer Frage. Viele Menschen würden die Wette annehmen, weil sie acht Gewinn- und nur drei Verlustchancen sehen ... aber was vielleicht überrascht: Sie haben unrecht.

Dies könnte man dadurch nachweisen, dass man die Wette immer wieder abschließt und so ein Gespür dafür bekommt, welche Möglichkeiten häufiger vorkommen. Wenn man die zehn Münzwürfe immer wieder ausführt und jedes Mal zählt, wie oft der Kopf oben liegt, erhält man ein Balkendiagramm in Form einer Glockenkurve (s. gegenüber). Das häufigste Ergebnis, das den höchsten Punkt bildet, ist fünfmal Kopf.

Schneller und genauer lässt sich die Aufgabe mit dem binomischen Lehrsatz lösen (s. S. 136/137). Ein Münzwurf kann nur zwei Ergebnisse haben: Kopf oder Zahl; man kann ihn als Binom $(k + z)$ schreiben. Werfen wir die Münze zehnmal, erhalten wir $(k + z)10$, also eine Klammer für jeden Wurf. Durch Ausmultiplizieren des Binoms erhalten wir:

$$k^{10} + 10k^9z + 45k^8z^2 + 120k^7z^3 + 210k^6z^4 + 252k^5z^5$$

$$+ 210k^4z^6 + 120k^3z^7 + 45k^2z^8 + 10kz^9 + z^{10}$$

Die Wahrscheinlichkeit für Kopf und Zahl beträgt jeweils $\frac{1}{2}$. Jimmy hofft auf vier-, fünf- oder sechsmal Kopf. Die Wahrscheinlichkeit für viermal Kopf entspricht in dem ausmultiplizierten Binom dem Term mit viermal k und sechsmal z oder $210k^4z^6$. Da die Wahrscheinlichkeit für Kopf oder Zahl jeweils $\frac{1}{2}$ beträgt, können wir diesen Wert einsetzen:

$$210\left(\frac{1}{2}\right)^4\left(\frac{1}{2}\right)^6 \text{ oder } 0{,}205078125$$

Für fünfmal Kopf und fünfmal Zahl erhalten wir $252k^5z^5$ oder:

$$252\left(\frac{1}{2}\right)^5\left(\frac{1}{2}\right)^5 \text{ oder } 0{,}24609375$$

Für sechsmal Kopf und fünfmal Zahl schließlich erhalten wir $210k^6z^4$, das entspricht:

$$210\left(\frac{1}{2}\right)^6\left(\frac{1}{2}\right)^4 \text{ oder } 0{,}205078125$$

Wenn wir diese Zahlen addieren, so stellen wir fest, dass die Wahrscheinlichkeit für vier-, fünf- oder sechsmal Zahl bei 0,65625 oder 65,625 % liegt. Jimmy hat also eine Gewinnchance von ungefähr zwei Dritteln, für Robert dagegen beträgt sie nur ein Drittel.

DIE LÖSUNG:

Robert sollte ablehnen. Seine Chancen stehen schlecht. Nach durchschnittlich jeweils drei Spielen wäre Jimmy um einen Euro reicher.

Porträt

Leonhard Euler

Leonhard Euler, einer der produktivsten Mathematiker aller Zeiten, wurde am 15. April 1707 geboren. Sein Vater, ein Bekannter des berühmten Johann Bernoulli, verfügte über eine gewisse mathematische Ausbildung und brachte seinem Sohn die Grundlagen der Mathematik bei. Leonhard studierte ab 1720 und an der Universität fiel seine Begabung schnell auf. Am Wochenende beantwortete Bernoulli seine Fragen und schlug ihm weitere Lektüre vor. Im Jahr 1723 machte Euler sein Magister-Examen in Philosophie.

St. Petersburg, Berlin und zurück

Im Jahr 1726 starb Nicolaus Bernoulli, Johanns ältester Sohn, und Euler wurde sein Nachfolger an der russischen Wissenschaftsakademie in St. Petersburg. Dort arbeitete er mit Bernoullis zweitem Sohn Daniel zusammen. Daniel geriet jedoch in Konflikt mit der Akademie und als er sie 1733 verließ, folgte Euler ihm auf den Lehrstuhl für Mathematik.

Mit einem Wechsel auf dem Thron wuchsen in St. Petersburg die Spannungen und 1741 trat Euler eine Stelle in Berlin an, die er die nächsten 25 Jahre behielt. In dieser Zeit schrieb er viele Artikel und 1759 übernahm er die Leitung der Berliner Akademie.

Im Jahr 1766 kehrte Euler an die russische Wissenschaftsakademie zurück, aber wenig später erblindete er. Obwohl er nichts mehr sehen konnte, arbeitete er mithilfe seiner Söhne Johann und Christoph weiter und veröffentlichte seine Erkenntnisse. Er starb am 18. September 1783 in St. Petersburg.

Die Brücken von Königsberg

Das „Königsberger Brückenproblem" ist ein Klassiker der Mathematik. Die Stadt, die damals zu Preußen gehörte und heute unter dem Namen Kaliningrad in dem kleinen russischen Gebiet zwischen Litauen und Polen liegt, befindet sich an einem Fluss mit zwei Inseln. Diese sind untereinander und mit beiden Flussufern durch sieben Brücken verbunden. Die Frage lautete: Gibt es einen Weg, auf dem man von einer Stelle aus jede Brücke einmal und nur einmal überqueren kann? Eine seltsame Aufgabe, das stimmt; Euler bewies, dass es unmöglich ist. Der Grund hat mit der Zahl der Brücken zu den einzelnen Landflächen zu tun. Diejenige Fläche, die nicht Ausgangs- oder Zielpunkt ist, muss man betreten und wieder verlassen. Dies erfordert zwei Brücken; jede Fläche, die nicht Ausgangs- oder Zielpunkt ist, muss also eine gerade Zahl von Brücken haben. Dies aber ist in Königsberg nicht

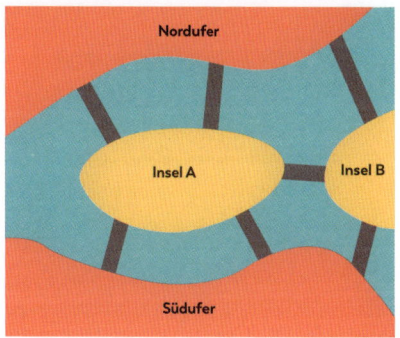

Das Königsberger Brückenproblem lässt sich auf Knoten (Landflächen) und Linien (Brücken) zurückführen. Dieser Regel gehorchen viele Landkarten; Eisenbahnkarten zeigen beispielsweise häufig nur die Bahnhöfe als Knoten und die Gleise als Linien. Für den Eulerschen Weg gibt es auch praktische Anwendungsmöglichkeiten, beispielsweise wenn Fuhrunternehmen Kraftstoff- und Reisekosten sparen wollen: Dann planen sie Routen, die nicht den gleichen Hin- und Rückweg enthalten.

der Fall: Dort geht von allen Landflächen eine ungerade Zahl von Brücken aus. Damit sind wir beim „Eulerschen Weg": Es ist nur dann möglich, jede Brücke (oder Kante) nur einmal zu passieren, wenn von höchstens zwei Landflächen (oder Knoten) eine ungerade Zahl von Brücken ausgeht. Möglich wäre dies, wenn wir die Brücke zwischen den beiden Inseln entfernten. Der Eulersche Zyklus erfordert, dass wir zum Ausgangspunkt zurückkehren, und er setzt voraus, dass alle Landflächen (Knoten) mit

einer geraden Anzahl von Brücken (Kanten) verbunden sind.

Im Zusammenhang mit dem Königsberger Brückenproblem formulierte Euler auch die Formel $E - K + F = 2$, wobei E die Zahl der Ecken, K die Zahl der Kanten und F die Zahl der Flächen eines Polyeders ist (s. S. 53).

EIN PAAR WORTE ZUR SCHREIBWEISE

Von Euler stammen auch einige heute gebräuchliche Schreibweisen, beispielsweise $f(x)$ für eine Funktion mit der Variablen x, der griechische Buchstabe Σ (Sigma) für Summen, der Buchstabe i für imaginäre Zahlen und e für den Wert 2,71828 ... Der Buchstabe e findet sich erstmals in einem Werk von John Napier (s. S. 160), aber die Entdeckung dieser Konstanten wird Jacob Bernoulli zugeschrieben, dem Sohn von Eulers Mentor. Euler verwendete den Buchstaben e für diese Konstante, und dies setzte sich durch. e ist wie π und φ (s. S.

18/19 und 100/101) eine berühmte Zahl. Berechnen kann man sie mit folgender unendlicher Reihe:

$$e = \frac{1}{0!} + \frac{1}{1!} + \frac{1}{2!} + \frac{1}{3!} + \frac{1}{4!} \ldots$$

Dies führt zu einer der schönsten Gleichungen der gesamten Mathematik: $e^{i\pi} + 1 = 0$. Ich habe schon daran gedacht, sie mir auf ein T-Shirt drucken zu lassen, aber ich glaube, das würde den Leuten nicht so gut gefallen wie das Shirt mit dem π.

Übung 19

Die Wege des Herrn Komminform

DIE AUFGABE:

Ein Mann mittleren Alters blickt an sich herunter und sieht einen immer dicker werdenden Rettungsring. Er muss sich dringend mehr bewegen. Ach ja – wenn man 20 ist, joggt man, um in Form zu kommen; mit 30 joggt man, um in Form zu bleiben; und mit 40 joggt man, um den unaufhaltsamen Niedergang zu verlangsamen. Sind Sie schon deprimiert? Michael will wieder anfangen zu laufen. Ein nahe gelegener Campingplatz ist im Winter geschlossen und wäre dafür der ideale, ruhige Ort. Den Plan des Platzes zeigt die Abbildung. Michael möchte am Parkplatz anfangen, jeden Weg einmal durchlaufen und am Ende wieder auf dem Parkplatz herauskommen. Ist das möglich? Und wenn nicht: Was kann er verändern, damit es funktioniert?

DIE METHODE:

Dies ist eine klassische Aufgabe für den Euler-Zyklus. Die Karte zeigt sieben „Knoten", an denen die Wege zusammentreffen. Vom Parkplatz gehen nur zwei Wege aus, dieser ist also ein geradzahliger Knoten. Die anderen sechs Knoten sind ungeradzahlig. Bei einer solchen Anordnung gibt es keinen Euler-Zyklus.

Michael muss also Kompromisse eingehen, indem er einzelne Abschnitte auslässt oder manche Wege zweimal durchläuft. Nummerieren wir zunächst einmal die Wegabschnitte. Es sind insgesamt zehn. Jetzt versehen wir die

Knoten mit Buchstaben. In einem Euler-Zyklus muss an jedem Knoten eine gerade Zahl von Abschnitten zusammentreffen. Einen Abschnitt zweimal zu durchlaufen, entspricht einem neuen Weg. Michael möchte kurze Abschnitte weglassen und längere verdoppeln.

Wenn er von A über B nach C läuft, kann er den Weg 2 weglassen und C geradzahlig machen. Dann läuft er von C über D nach E, womit 6 weggelassen wird und D und G geradzahlig werden. Schließlich läuft er von E über F nach G und wieder zurück nach F. Die zweimalige Nutzung des Abschnitts 9 entspricht einem weiteren Weg, womit F und E geradzahlig werden. Dann läuft er von E nach B. Wenn er nun nochmals den Abschnitt 1 durchläuft, werden auch B und A geradzahlig.

Damit haben wir einen Euler-Zyklus. Der Weg ist insgesamt übrigens 2,5 km lang.

DIE LÖSUNG:

Durch Weglassen zweier kurzer Abschnitte und zweimalige Nutzung zweier weiterer Abschnitte lässt sich ein Euler-Zyklus erzeugen. Die Route führt dann über die Wegabschnitte $1 \rightarrow 3 \rightarrow 4 \rightarrow 5 \rightarrow 9 \rightarrow 7 \rightarrow 8 \rightarrow 9 \rightarrow 10 \rightarrow 1$.

Ohne Wegabschnitte hinzu-zunehmen oder wegzulassen, ergibt sich auf diesem Lageplan kein Euler-Zyklus.

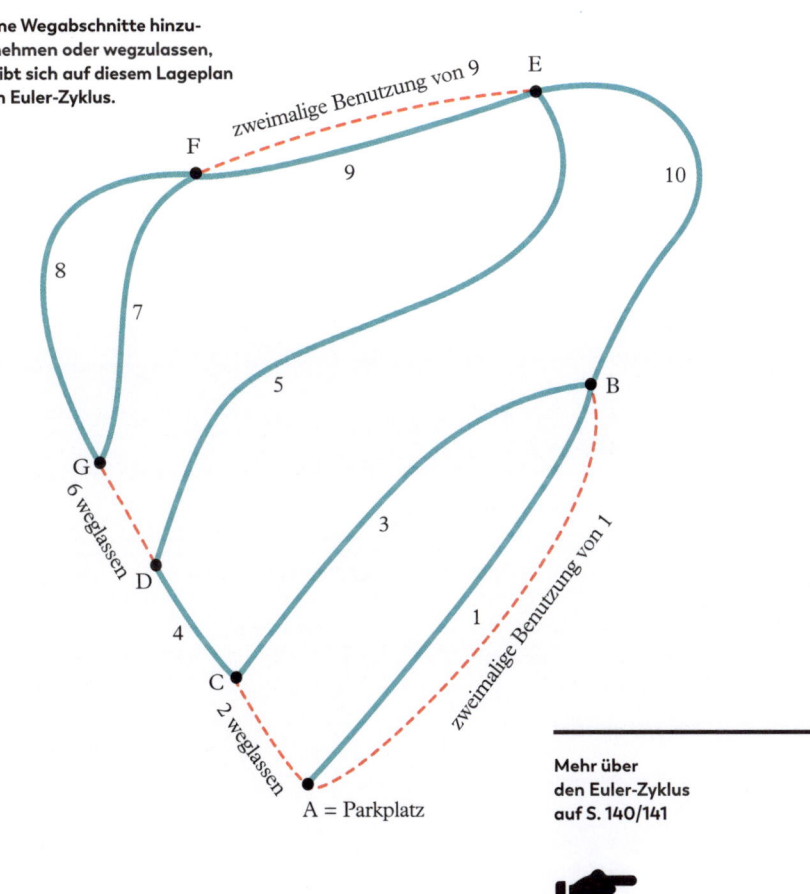

zweimalige Benutzung von 9

E

F

9

10

8

7

5

B

G

6 weglassen

D

3

zweimalige Benutzung von 1

4

C

2 weglassen

1

A = Parkplatz

Mehr über den Euler-Zyklus auf S. 140/141

Porträt

Carl Friedrich Gauß

Ist Ihnen schon einmal ein echter Alles-wisser begegnet? Jemand, dem man et-was erzählt, und er antwortet stets: „Ja, das wusste ich schon." Manchmal glaubt man demjenigen, aber meist hält man es für Angeberei. Carl Friedrich Gauß wusste tatsächlich alles. Wenn wir über schräge Genies reden, ist er das beste Beispiel.

Jugend

Gauß wurde 1777 in Braunschweig geboren. Mit sieben Jahren beeindruckte er seinen Grundschullehrer mit seiner Intelligenz (s. S. 146/147). Als Elfjähriger ging er aufs Gymnasium und lernte Sprachen. Im Jahr 1792, mit 15, trat er in das Collegium Carolinum ein. Dort entdeckte er neben anderen mathematischen Gesetzmäßigkeiten selbstständig den binomischen Lehrsatz (s. S. 136/137). Drei Jahre später ging er an die Göttinger Universität. Diese verließ er aber ohne Abschluss und kehrte nach Braunschweig zurück, wo er 1799 sein Examen machte. Gauß hatte ein Stipendium des Herzogs von Braunschweig und reichte seine Doktorarbeit auf dessen Wunsch bei der Universität Helmstedt ein. Ihr Thema war der Fundamentalsatz der Algebra.

DER FUNDAMENTALSATZ DER ALGEBRA

Gauß' wichtigste Beiträge zur Mathe-matik waren seine Arbeiten über den „Fundamentalsatz der Algebra". Er besagt: Ein Polynom mit reellen oder komplexen Koeffizienten hat eine oder mehrere Wurzeln in der kom-plexen Ebene. Oder einfacher aus-gedrückt: Ein Polynom vom Grad n, dessen Koeffizienten reelle oder kom-plexe Zahlen sind, hat n Wurzeln oder Lösungen. Auf S. 112 haben wir bei-spielsweise quadratische Gleichungen (Parabeln) betrachtet, die den Grad 2 haben: In allen drei Fällen gab es dort zwei Lösungen – zwei ungleiche reelle Lösungen, zwei gleiche reelle Lösungen und zwei komplexe Lösun-gen. Einen geometrischen Beweis für diesen Satz formulierte Gauß 1799, zwei weitere folgten 1816, und 1849 überarbeitete er seinen ersten Beweis noch einmal.

Hektische Jahre

Als Gauß 1805 heiratete, wusste er noch nicht, was ihm in der folgenden Zeit bevorstand. Sein Gönner, der Herzog von Braunschweig, starb im Krieg gegen die Preußen, und 1807 übernahm Gauß die Leitung der Göttinger Sternwarte. Zuvor hatte er die Position zweier neuer Himmelskörper zutreffend vorausgesagt: Ceres (der heute als Zwergplanet eingestuft wird) und Pallas (den man heute zu den Asteroiden rechnet). Im Jahr 1808 starb Gauß' Vater. Ein Jahr später starb seine Frau Johanna während der Geburt ihres zweiten Sohnes Louis, der ebenfalls nur bis 1810 lebte. Ein Jahr später heiratete Gauß Johannas beste Freundin Minna. Gauß hatte also in den Jahren zwischen 1805 und 1811 zweimal geheiratet (Johanna und Minna), vier Kinder bekommen (Joseph, Wilhelmina und Louis mit Johanna, Eugene mit Minna) und drei Trauerfälle (den Herzog, Johanna und den Sohn Louis) zu beklagen. Es wäre für jeden Menschen viel zu bewältigen gewesen.

„Es mag sein, dass Männer, die reine Mathematiker sind, bestimmte Schwächen haben, aber das ist nicht die Schuld der Mathematik, denn es gilt ebenso auch für jede andere ausschließliche Beschäftigung."
– Carl Friedrich Gauß

Die späteren Jahre

Seit dem Jahr 1831 arbeitete Gauß mit dem deutschen Physiker Wilhelm Weber (1804 bis 1891) zusammen, der auf Wunsch des Mathematikers nach Göttingen gekommen war.

Gemeinsam verfassten sie zahlreiche Aufsätze, aber 1837 musste Weber Göttingen verlassen, weil der König von Hannover etwas gegen seine politischen Ansichten hatte.

Gauß starb am 23. Februar 1855, aber seine Arbeit lebt in vielerlei Form weiter. So trägt beispielsweise die SI-Einheit für die magnetische Flussdichte seinen Namen, und das Entmagnetisieren – der Vorgang, der beim Einschalten von Fernseher oder Computer ein dumpfes Geräusch erzeugt – wird im Englischen als „degaussing" bezeichnet.

WERKE

Disquisitiones Arithmeticae
Von der Doktorarbeit abgesehen, war dieses Werk (übersetzt: „Arithmetische Untersuchungen") 1801 das erste, das er veröffentlichte. Es behandelt vor allem die Zahlentheorie einschließlich der Primzahlen (s. S. 18/19) und der diophantischen Gleichungen (s. S. 66/67).

Theorie der Bewegung der Himmelskörper
Gauß' zweites Werk erschien 1809. Das Buch entsprang seinen Voraussagen über die Umlaufbahnen von Ceres und Pallas – einem Zwergplaneten und einem Asteroiden, die man zu jener Zeit für neue Planeten hielt.

Aufsätze
Gauß veröffentlichte zahlreiche Aufsätze, unter anderem über mathematische Reihen, Integration, Statistik und Geometrie.

Übung 20

Arithmetische Reihen

DIE AUFGABE:

Deutschland, Ende des 18. Jahrhunderts. Ein erschöpfter Lehrer will seine Schüler arbeiten lassen und weist sie an, alle Zahlen von 1 bis 100 zu addieren – damit sollten sie einige Zeit beschäftigt sein. Aber ein naseweiser Bengel namens Carl ist schon nach knapp fünf Minuten fertig und fängt an, dem Lehrer auf den Wecker zu gehen. Der ist zwar genervt, erkennt aber auch die Begabung dieses „Prinzen der Mathematik". Wer kann Carls Trick nachmachen?

DIE METHODE:

Carl ist kein Dummkopf. Während die anderen Kinder sich daranmachen, eine Zahl nach der anderen zu addieren, denkt er zuerst nach.

Er könnte die Zahlen von 1 bis 100 oder von 100 bis 1 zusammenzählen; das Ergebnis wäre das Gleiche:

$$1 + 2 + 3 \ldots + 98 + 99 + 100 = Summe$$

oder

$$100 + 99 + 98 + \ldots + 3 + 2 + 1 = Summe$$

Als Carl die Liste vorwärts und rückwärts untereinander schreibt, fällt ihm auf, dass die Summen in den senkrechten Spalten immer die gleichen sind; durch Addition der oberen und unteren Reihe erhält man also das Doppelte der Summe:

$$1 + 2 + 3 \ldots + 98 + 99 + 100 = Summe$$
$$100 + 99 + 98 + \ldots + 3 + 2 + 1 = Summe$$
$$101 + 101 + 101 \ldots + 101 + 101 + 101 = 2 \cdot Summe$$

Außerdem weiß Carl, dass er hundertmal die 101 schreiben muss, also kann er aus der linken Reihe eine Multiplikation machen:

$$100(101) = 2 \cdot Summe$$

Nun dividiert er beide Seiten durch 2 und erhält:

$$\frac{100(101)}{2} = Summe$$

$$5050 = Summe$$

DIE LÖSUNG:

Die Summe aller Zahlen von 1 bis 100 ist 5050.

ARITHMETISCHE REIHEN

Gauß' Gedankengang führt zu einer allgemeinen Formel für die Summe einer arithmetischen Reihe.

In einer arithmetischen Reihe findet man die nächste Zahl jeweils durch Addition einer gemeinsamen Zahl (oder einer gemeinsamen Differenz) zur vorherigen Zahl. Ein Beispiel ist die arithmetische Reihe $3 + 7 + 11 + 15 + 19 + 23$. Der erste Term ist die 3, die gemeinsame Differenz ist 4, und die Zahl der Terme ist 6. Die Formel für die Summe einer arithmetischen Reihe lautet:

$$s = \frac{n}{2}(2a + (n - 1)d)$$

Dabei ist a der erste Term, d ist die gemeinsame Differenz und n die Zahl der Terme. Setzt man die Zahlen aus der zuvor genannten Reihe ein, so erhält man:

$$s = \frac{6}{2}(2 \cdot 3 + (6 - 1)4)$$

Dies lässt sich vereinfachen zu $s = 3(6 + (5)4)$, und daraus ergibt sich durch weitere Vereinfachung $s = 78$.

Übung 21

Geometrische Reihen

DIE AUFGABE:

Bonnie muss eine schreckliche Entscheidung treffen: Sie hat im Lotto gewonnen und nun bieten sich zwei Optionen. Sie kann entweder zehn Millionen Euro sofort annehmen oder sie bekommt am ersten Tag eines Monats einen Cent, am zweiten Tag zwei Cent, am dritten Tag vier Cent und so weiter, jeden Tag das Doppelte bis zum Monatsende. Welche Option soll sie wählen?

DIE METHODE:

Eigentlich zwei schöne Möglichkeiten. Ich meine, wer würde sich schon über zehn Millionen Euro beklagen? Das Problem dabei: Mit Option 2 könnten es auch mehr als zehn Millionen werden. Bonnie ist zwar keine begeisterte Mathematikerin, aber sie will ein wenig Zeit aufwenden und die bestmögliche Entscheidung treffen.

Option 1 = € 10.000.000
Option 2 = ein wenig Arbeit

Erstens sollte man dazusagen, dass es sich hier um einen Monat mit 30 Tagen handelt. Nun kann Bonnie eine Tabelle für die Einnahmen der einzelnen Tage aufstellen. Diese kann man auf unterschiedliche Weise aufschreiben:

Tag	Geld	Geld (anders ausgedrückt)	Geld (noch anders ausgedrückt)
1	€ 0,01	€ 0,01	€ 0,01 $\cdot 2^0$
2	€ 0,02	€ 0,01 $\cdot$ 2	€ 0,01 $\cdot 2^1$
3	€ 0,04	€ 0,01 $\cdot$ 2 $\cdot$ 2	€ 0,01 $\cdot 2^2$
4	€ 0,08	€ 0,01 $\cdot$ 2 $\cdot$ 2 $\cdot$ 2	€ 0,01 $\cdot 2^3$
5	€ 0,16	€ 0,01 $\cdot$ 2 $\cdot$ 2 $\cdot$ 2 $\cdot$ 2	€ 0,01 $\cdot 2^4$

Nun kann man die Summe bilden:

$$Summe = 0{,}01 \cdot 2^0 + 0{,}01 \cdot 2^1 + 0{,}01 \cdot 2^2 + 0{,}01 \cdot 2^3 + \ldots + 0{,}01 \cdot 2^{28} + 0{,}01 \cdot 2^{29}$$

Hier müssen wir allerdings immer noch 30 Zahlen addieren. Ein anderes Verfahren ähnelt dem von Carl und seiner arithmetischen Reihe (s. S. 146/147). Bonnie multipliziert ihre Reihe mit 2 und erhält:

$$2 \cdot Summe = 0{,}01 \cdot 2^1 + 0{,}01 \cdot 2^2 + 0{,}01 \cdot 2^3 + 0{,}01 \cdot 2^4 + \ldots + 0{,}01 \cdot 2^{29} + 0{,}01 \cdot 2^{30}$$

Durch die Multiplikation wurde 1 zu jedem Exponenten hinzuaddiert. (Die 2 hat Bonnie gewählt, weil das der Multiplikator zwischen den Termen ist, was die Sache vereinfacht.) Jetzt subtrahieren wir die kleinere von der größeren Reihe:

$$2 \cdot Summe = 0{,}01 \cdot 2^1 + 0{,}01 \cdot 2^2 + 0{,}01 \cdot 2^3 + \ldots + 0{,}01 \cdot 2^{28} + 0{,}01 \cdot 2^{29} + 0{,}01 \cdot 2^{30}$$

$$Summe = 0{,}01 \cdot 2^0 + 0{,}01 \cdot 2^1 + 0{,}01 \cdot 2^2 + 0{,}01 \cdot 2^3 + \ldots + 0{,}01 \cdot 2^{28} + 0{,}01 \cdot 2^{29}$$

Wie man leicht erkennt, passen die meisten Terme zusammen. Subtrahiert man sie, bleibt nur noch:

$$Summe = -0{,}01 \cdot 2^0 + 0{,}01 \cdot 2^{30}$$

Dies lässt sich vereinfachen zu:

$$Summe = 0{,}01 \cdot 2^{30} - 0{,}01 \cdot 2^0$$

$$= 10.737.418{,}23$$

DIE LÖSUNG:

Option 2 ist für elf der zwölf Monate günstiger; im Februar dagegen, zeigt eine nochmalige Summenbildung, erhält sie mit Option 1 fast fünf Millionen Euro mehr.

GEOMETRISCHE REIHEN

Damit sind wir bei der allgemeinen Formel für die Summe einer geometrischen Reihe:

$$s = \frac{a(r^n - 1)}{(r - 1)}$$

Dabei ist a der erste Term, r ist das gemeinsame Verhältnis (der Multiplikator zwischen den Termen), und n ist die Zahl der Terme.

Kapitel 6

Geld und Datenschutz

Auf unserem Streifzug durch die Geschichte haben wir an vielen Stellen erfahren, wie man sich die Algebra zunutze machen kann, und obendrein sind uns auch ein paar amüsante Beispiele begegnet. Jetzt wollen wir zwei Gebiete betrachten, in denen die Algebra besondere Bedeutung für unser Alltagsleben hat: Geld und Datenschutz. Wir können hier nicht die Seltsamkeiten der modernen Finanzwirtschaft oder die raffinierten Verschlüsselungsmethoden heutiger Computer analysieren; deshalb werden wir uns mit zwei einfacher verständlichen, aber nicht weniger faszinierenden Themen befassen: Zinsen und grundlegenden Codes.

Gesetze der Potenzrechnung

Bevor wir uns mit Geld und insbesondere mit Zinsen beschäftigen, wollen wir kurz noch einmal die Potenzen betrachten. Eine Potenz stellt einfach mehrere aufeinanderfolgende Multiplikationen dar: 2^5 (wobei ^{5} der Exponent ist) ist das Gleiche wie $2 \cdot 2 \cdot 2 \cdot 2 \cdot 2$.

Wir haben eine Potenz mit drei Teilen: Bei $3x^5$ ist 3 der Koeffizient, x die Basis und ^{5} der Exponent. Welche Gesetze gelten für Exponenten?

1) $x^n \cdot x^m = x^{n+m}$

Multipliziert man Potenzen mit der gleichen Basis, werden die Exponenten addiert:

$$x^2 \cdot x^3 = x^5 \text{ oder } (x \cdot x) \cdot (x \cdot x \cdot x) = (x \cdot x \cdot x \cdot x \cdot x)$$

2) $x^n \div x^m = x^{n-m}$

Um Potenzen mit der gleichen Basis zu dividieren, subtrahiert man ihre Exponenten:

$$x^7 \div x^4 = x^3 \text{ oder}$$

$$\frac{(x \cdot x \cdot x \cdot x \cdot x \cdot x \cdot x)}{(x \cdot x \cdot x \cdot x)} = \frac{(x \cdot x \cdot x \cdot \cancel{x \cdot x \cdot x \cdot x})}{(\cancel{x \cdot x \cdot x \cdot x})} = (x \cdot x \cdot x) = x^3$$

3) $(x^n)^m = x^{n \cdot m}$

Um eine Potenz in die Potenz zu erheben, multipliziert man die Exponenten:

$$(x^3)^2 = x^6 \text{ oder}$$

$$(x^3) \cdot (x^3) = x^6 \text{ (nach Gesetz 1)}$$

4) $(xy)^m = x^m y^m$

Mit anderen Worten: Wenn mehrere Basen den gleichen Exponenten haben, kann man den Exponenten zu jeder Basis schreiben:

$$(xy)^3 = (xy)(xy)(xy) = (x \cdot x \cdot x)(y \cdot y \cdot y) = x^3 y^3$$

5) $\left(\dfrac{x}{y}\right)^m = \dfrac{x^m}{y^m}$

Mit anderen Worten: Hat ein Bruch einen Exponenten, kann man diesen zum Zähler und zum Nenner schreiben:

$$\left(\frac{x}{y}\right)^3 = \left(\frac{x}{y}\right)\left(\frac{x}{y}\right)\left(\frac{x}{y}\right) = \frac{(x \cdot x \cdot x)}{(y \cdot y \cdot y)} = \frac{x^3}{y^3}$$

6) $x^0 = 1$ wobei $x \neq 0$

Zum Beispiel durch Ausmultiplizieren:

$$\frac{x^3}{x^3} = \frac{(x \cdot x \cdot x)}{(x \cdot x \cdot x)} = \frac{(\cancel{x \cdot x \cdot x})}{(\cancel{x \cdot x \cdot x})} = 1$$

Bei Anwendung von Gesetz 2 ist $\frac{x^3}{x^3} = x^{3-3} = x^0$. Da es in der Mathematik einheitlich zugehen muss, ist $x^0 = 1$; die nullte Potenz jeder Zahl ist 1, nur für 0^0 gilt das nicht.

7) $x^{-m} = \frac{1}{x^m}$

Dies steht im Zusammenhang mit dem Gesetz 6 und der Umkehrung des Gesetzes 2. Ein Beispiel:

$x^{-4} = \frac{1}{x^4}$ denn

$x^{-4} = x^{0-4} = \frac{x^0}{x^4} = \frac{1}{x^4}$

8) $\frac{1}{x^{-m}} = x^m$

Dies ergibt sich aus den Gesetzen 2 und 6. Ein Beispiel:

$\frac{1}{x^{-4}} = x^4$ denn

$\frac{1}{x^{-4}} = \frac{x^0}{x^{-4}} = x^{0-(-4)} = x^{0+4} = x^4$

Die Gesetze 7 und 8 kann man sich auch leichter merken: Mit der Stellung im Bruch ändert sich das Vorzeichen des Exponenten; ein Beispiel:

$\frac{2^{-3}}{3^{-2}} = \frac{3^2}{2^3} = \frac{9}{8} = 1{,}125$

Die Gesetze der Potenzrechnung wurden hier in der gleichen Reihenfolge vorgestellt wie die Zahlenmengen auf S. 14/15. In den ersten fünf Gesetzen ging es um natürliche Zahlen; im Gesetz 6 kam der Exponent 0 und damit die Menge der positiven ganzen Zahlen hinzu; und die Gesetze 7 und 8 brachten die Erweiterung auf alle ganzen Zahlen. Die beiden nächsten Gesetze – eigentlich sind es Teile eines Gesetzes, aber die Aufteilung vereinfacht das Verständnis – beinhalten die Erweiterung auf die Menge der rationalen Zahlen oder Brüche.

9) $\sqrt[n]{x} = x^{\frac{1}{n}}$

Wir suchen beispielsweise die Quadratwurzel von x. Dazu könnten wir sie als $\sqrt[2]{x}$ schreiben. Den Index der Wurzel schreibt man aber meist nur bei Kubik- und höheren Wurzeln dazu. Wenn wir nun die Quadratwurzel von x mit sich selbst multiplizieren, erhalten wir

$\sqrt{x} \cdot \sqrt{x} = \sqrt{x \cdot x} = \sqrt{x^2} = x$

Zu dem gleichen Ergebnis gelangen wir, wenn wir den Bruch im Exponenten mit sich selbst multiplizieren (Einschränkungen s. Kasten). $\sqrt[3]{x}$ ist also das Gleiche wie $x^{\frac{1}{3}}$ und so weiter. Das letzte Gesetz ist eine Erweiterung von Gesetz 9:

10) $\sqrt[n]{x^m} = x^{\frac{m}{n}}$ oder $(\sqrt[n]{x})^m = x^{\frac{m}{n}}$

Ein Beispiel: $\sqrt[3]{x^2} = x^{\frac{2}{3}}$ oder $(\sqrt[3]{x})^2 = x^{\frac{2}{3}}$

VORSICHT!

Mit Potenzen müssen wir sorgfältig umgehen, denn sie liefern manchmal ungewöhnliche Ergebnisse. Ein Beispiel ist die Quadratwurzel von -2^2: $\sqrt{-2^2}$. Nach KEDMAS quadrieren wir zuerst die -2 und erhalten 4; die Quadratwurzel von 4 ist 2. Berechnen wir aber $(\sqrt{(-2)})^2$, wird zuerst die Quadratwurzel gezogen, was $\sqrt{2} \cdot i$ ergibt; durch Quadrieren erhalten wir nun $2 \cdot i^2$, und das ist -2. Die Reihenfolge hat also großen Einfluss auf das Ergebnis.

Übung 22

Zwei Zinsaufgaben

AUFGABE NR. 1: Rückzahlung mit Zinsen

Allan braucht Geld, um sein Soloalbum zu realisieren. Er bittet seinen Freund Tony, ihm etwas zu leihen. Wenn Tony ihm 450 Euro gibt, wird er den Betrag in drei Jahren mit Zinsen zurückzahlen. Sie einigen sich auf einen Zinssatz von fünf Prozent. Wir gehen von einfachen Zinsen aus: Wie viel bekommt Tony am Ende?

DIE METHODE:

In der Frage war zwar von einfachen Zinsen die Rede, aber davon müssten wir ohnehin ausgehen, denn der Zinseszinszeitraum wurde nicht genannt (s. S. 158/159).

Die Formel zur Berechnung einfacher Zinsen ist erfrischend simpel. Sie lautet $Z = Kst$; dabei ist Z der eingenommene Zinsbetrag, K ist das Kapital (die – je nach Sichtweise – geliehene oder angelegte Summe), s der Zinssatz in Dezimaldarstellung und t die Zeit in Jahren. In unserer Aufgabe haben wir

$$Z = Kst$$
$$Z = (450)(0,05)(3)$$
$$Z = 67,5$$

DIE LÖSUNG:

Die Zinsen betragen € 67,50 bei einem anfangs geliehenen Kapital von € 450. Tony bekommt also in drei Jahren € 517,50 zurück.

AUFGABE NR. 2: König Midas umgekehrt

Graham ist überzeugt, dass sein neuer Song ein großer Hit werden wird. Zu Bobby sagt er: „Wenn du mir heute 780 Euro leihst, bekommst du in drei Jahren das Kapital und die Zinsen in Form von zehn nagelneuen 100-Euro-Scheinen zurück" – also 1000 Euro. Wir gehen wieder von einfachen Zinsen aus: Welche Rendite (das heißt welchen Zinssatz) bekommt Bobby?

DIE METHODE:

Wieder benutzen wir die einfache Zinsformel $Z = Kst$. Dieses Mal kennen wir das Kapital K (780), die Zeit t (3 Jahre) und den eingenommenen Zins Z, den wir mit $1000 - 780 = 220$ berechnen können. Setzen wir diese Werte in die Gleichung ein, so erhalten wir

$$220 = (780)(s)(3)$$

Es gehört zu den schönen Aspekten der Multiplikation, dass die Reihenfolge keine Rolle spielt, ein Prinzip, das als „Kommutativgesetz" bezeichnet wird. Es ist ganz einfach: Das Ergebnis von 2 • 3 und 3 • 2 ist das gleiche.

In unserem Beispiel können wir also die Unbekannte s außer Acht lassen und 3 mit 780 multiplizieren. Wir erhalten

$$220 = 2340(s)$$

Um s zu isolieren, dividieren wir einfach beide Seiten durch 2340:

$$\frac{220}{2340} = \frac{2340(s)}{2340} \text{ of } 0,094 = s$$

DIE LÖSUNG:

Nun können wir die Dezimalzahl durch Multiplikation mit 100 in einen Prozentsatz umwandeln: Bobby erhält über drei Jahre einen einfachen Zins von 9,4 %.

Exponentialgleichungen

Exponentialgleichungen sind von Bedeutung für Finanzwesen (Zinseszins), Biologie (Wachstum und Verfall), Chemie (Reaktionsgeschwindigkeiten), Wirtschaft (Angebots- und Nachfragekurven) und viele weitere Gebiete. In meiner Heimatprovinz British Columbia sterben die Kiefernwälder durch den Bergkiefernkäfer mit exponentieller Geschwindigkeit.

In einer Exponentialgleichung befindet sich die Variable im Exponenten – nicht zu verwechseln mit einer Gleichung, in der irgendein Exponent vorkommt. So ist $2^x = 8$ eine Exponentialgleichung, $x^2 = 9$ aber nicht.

Bevor wir ein paar praktische Beispiele betrachten, wollen wir uns ansehen, wie man Exponentialgleichungen löst.

Lösung von Exponentialgleichungen

Manchmal sind Exponentialgleichungen sehr einfach zu lösen. Manch einer wird bei $2^x = 8$ sofort sagen, dass $x = 3$ ist, und das stimmt auch. Dieses intuitive Zahlengefühl lässt sich schwer erklären, die Berechnung ist nämlich eigentlich recht imponierend.

Wir machen dabei aus der 8 eine Potenz von 2, so dass $2^x = 2^3$, und da die Basis in beiden Fällen die gleiche ist, können wir die Exponenten vergleichen und finden $x = 3$.

Auch $3^{2x-1} = 27$ lässt sich auf diese Weise lösen. Da $27 = 3^3$ ist, können wir die Gleichung als $3^{2x-1} = 3^3$ schreiben. Durch Vergleich der Exponenten bei gleicher Basis erhalten wir $2x - 1 = 3$. Um nach x aufzulösen, addieren wir auf beiden Seiten 1 und erhalten $2x = 4$. Nachdem wir beide Seiten durch 2 dividiert haben, sind wir fertig: $x = 2$.

Im nächsten Beispiel, $2 \cdot 3^x = 162$, würde man instinktiv zunächst die 2 und die 3 multiplizieren. Aber Moment mal: Nur die 3 hat die „Hochzahl" x. Im ersten Schritt dividieren wir also beide Seiten durch 2 und isolieren so den Exponentialausdruck: $3^x = 81$. Da $81 = 3^4$ ist, erhalten wir $3^x = 3^4$ und damit $x = 4$.

Das ist alles ganz nett, aber manche einfachen Gleichungen, beispielsweise $2^x = 12$, lassen sich so nicht lösen. Mit der bisher angewandten Methode können wir nur sagen, dass die Lösung zwischen 3 und 4 liegt ($2^3 = 8$ und $2^4 = 16$). Eine genauere Lösung erhält man mit Logarithmen (s. S. 160/161).

Der Bergkiefernkäfer

Der Bergkiefernkäfer verursacht in British Columbia große Probleme. Die kleinen Insekten verwüsten seit Ende der 1990er-Jahre die Wälder der kanadischen Provinz. Das befallene Gebiet wächst nach einer Exponentialgleichung.

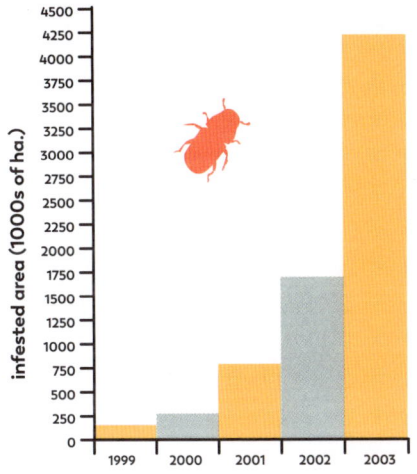

Jahr	befallene Fläche (in tausend Hektar)	
1999	164,6	
2000	284,0	
2001	785,5	
2002	1968,6	*Daten vom British Columbia*
2003	4200,0	*Ministry of Forests and Range*

Mit dem Verfahren der Regression, das wir hier nicht genauer betrachten wollen, findet man die Gleichung, die am besten zu den Daten in der Tabelle passt – im wahren Leben geht es selten perfekt zu.

Die Gleichung lautet $F = 63(2,32)^t$, dabei ist F die Fläche und t die Zeit in Jahren seit 1998 (für 1999 ist $t = 1$). Mit ihr können die Förster das Ausmaß der Zerstörung genau berechnen. In der Praxis gilt die Gleichung nicht mehr, wenn die Nahrung für die Käfer knapp wird. Diese verbreiten sich so lange, bis sie keine Bäume mehr zu fressen haben; dann sterben sie aus.

Radioaktiver Zerfall

Auch ein anderes Beispiel für die Bedeutung der Exponentialgleichungen finden wir in Kanada. Das Land produziert die Hälfte bis zwei Drittel aller weltweit medizinisch genutzten Isotope (radioaktive Substanzen). Als ein Produktionsreaktor 2007 abgeschaltet wurde, kam es zu einem globalen Engpass. Oft hörte man, die Herstellerfirma Chalk River Laboratories hätte Vorräte anlegen sollen. Hier offenbart sich ein Missverständnis: Im Zusammenhang mit Radioaktivität denkt man wegen der Atombomben meist an lange Zeiträume. Viele radioaktive Elemente haben aber eine sehr kurze Halbwertszeit. Sie beträgt zum Beispiel für Iod-131, das bei Schilddrüsenkrebs verwendet wird, nur acht Tage.

Um Vorräte von Iod-131 anzulegen, müsste man also zu Anfang mehr produzieren, als man am Ende braucht. Nehmen wir einmal an, wir würden nach einer Abschaltphase von 32 Tagen eine Menge von 100 Kilo benötigen. Die Gleichung für die Halbwertszeit einer Substanz lautet $E = A(\frac{1}{2})^{\frac{t}{h}}$. Dabei ist E die Menge am Ende der Zeit, A die Ausgangsmenge und t die Zahl der Tage. Wir wissen, dass $E = 100$ und $t = 32$ sind, also können wir nach A auflösen:

$$100 = A(\tfrac{1}{2})^{\frac{32}{8}}$$
$$100 = A(\tfrac{1}{2})^4$$
$$100 = A(\tfrac{1}{16})$$
$$1600 = A$$

Chalk River Laboratories hätte also vor der Reaktorabschaltung das Sechzehnfache der benötigten Menge produzieren müssen, um am Ende noch über den gewünschten Vorrat zu verfügen.

Übung 23

Zinseszins

DIE AUFGABE:

Ralph ist zu etwas Geld gekommen. Genauer gesagt hat er 2000 Euro. Er entschließt sich, sie in Garantiezertifikaten anzulegen. Es ist eine Anlage auf 15 Jahre mit sechs Prozent Zinseszins jährlich. Wie viel bekommt er am Ende der 15 Jahre zurück?

DIE METHODE:

Zinseszins bedeutet, dass der Zins während der gesamten Anlagedauer zum Anlagebetrag hinzukommt und wiederum verzinst wird. Da die Anlage über 15 Jahre läuft, geschieht dies 15 Mal. Zur Berechnung kann man die Zinsen nach einem Jahr ermitteln und zum Kapital addieren. Dann berechnet man die Zinsen für das folgende Jahr und addiert sie wiederum hinzu. Man könnte dann eine solche Tabelle aufstellen:

Dies würde man bis zum 15. Jahr fortsetzen, aber das macht viel Arbeit. Einfacher geht es mit der Formel $E = K(1 + s)^n$; dabei ist E der Betrag am Ende der Laufzeit, K ist das eingesetzte Kapital, s ist der Zinssatz als Dezimalzahl, und n ist die Zahl der Jahre; dann erhalten wir

$$E = 2000(1 + 0{,}06)^{15}$$
$$E = 2000(1{,}06)^{15}$$
$$E = 2000(2{,}396558193)$$
$$E = 4793{,}11$$

Jahr	Kapital	Zins (Z = Kst)	neues Kapital
1	2000	120	2120
2	2120	127,2	2247,2
3	2247,2	134,832	2382,032
...	...	...	...

DIE LÖSUNG:

Nach 15 Jahren hat Ralph 4793,11
Euro. Dies zeigt die große Wirkung des
Zinseszinses. Bei einfachem Zins hätte
Ralph nur 3800 Euro, also beträchtlich
weniger.

Mehr über
Exponenten auf S. 152/153

DIE ABLEITUNG DER ZINSESZINSFORMEL

Die Ableitung der Zinseszinsformel
erfolgt nach dem gerade erwähnten Verfahren, in dem wir mit einer
Tabelle den hinzugewonnenen Betrag
berechnen.

Nach dem ersten Jahr befindet sich
auf dem Konto das ursprüngliche
Kapital, vermehrt um die Zinsen für ein
Jahr ($K + Z$). Da $Z = Kst$, können wir
stattdessen auch $K + Kst$ schreiben.
Da es sich nur um ein Jahr handelt
($t = 1$), wird daraus $K + Ks$. Dies können
wir auch schreiben als $1K + Ks$. K ist ein
gemeinsamer Faktor, den wir ausklammern können; wir erhalten $K(1 + s)$.
Dies ist das Kapital zu Beginn des
zweiten Jahres.

Nach dem zweiten Jahr haben
wir wiederum das Kapital plus die
Zinsen, aber das Kapital ist dieses Mal
$K(1 + s)$; wir erhalten also $K(1 + s) + Z$,
wobei $Z = K(1 + s) \cdot s$ (wie gesagt: $t = 1$).
Damit haben wir für den Betrag am Ende
des zweiten Jahres eine kompliziertere
Formel: $K(1 + s) + K(1 + s) \cdot s$.

Den gemeinsamen Faktor $K(1 + s)$
können wir wieder ausklammern und
erhalten $K(1 + s)(1 + s)$ oder $K(1 + s)^2$.

Das ist etwas schwierig, machen wir
also den komplizierten Kram leicht wie
eine Schneeflocke. Wir setzen $K(1 + s) = ❋$.
Damit wird $K(1 + s) + K(1 + s) \cdot s$ zu $❋ + ❋s$,
was wir auch als $1❋ + s❋$ schreiben können. Nun verwandeln wir die $❋$ wieder in
$K(1 + s)$ und erhalten $K(1 + s)(1 + s)$.

Nach drei Jahren haben wir
$K(1 + s)(1 + s)(1 + s)$ und nach vier Jahren
$K(1 + s)(1 + s)(1 + s)(1 + s)$. Nun erkennen
wir die Gesetzmäßigkeit, und da eine
Potenz schlicht aus mehreren Multiplikationen besteht, kann man statt der
langen Kette auch $E = K(1 + s)^n$ schreiben.

Logarithmen

Nachdem wir nun die Potenzen kennengelernt haben, ist es an der Zeit, uns mit ihren ungeliebten Geschwistern zu befassen: den Logarithmen. In der Mathematik bewegt man sich eigentlich immer irgendwohin und dann wieder zurück. Wir lernen etwas, dann lernen wir das Umgekehrte. Erst lernen wir addieren, dann subtrahieren. Multiplikation und Division, Quadrate und Quadratwurzeln. Genauso verhält es sich mit Potenzen und Logarithmen: Ein Logarithmus ist die Umkehrung einer Potenz.

Logarithmen: etwas Neues

Logarithmen sind in der Mathematik etwas relativ Neues. Die erste Beschreibung über sie veröffentlichte der schottische Mathematiker John Napier (1550–1617) 1614 in dem Buch *Mirifici Logarithmorum Canonis Descriptio*. Ungefähr zur gleichen Zeit wurden sie unabhängig davon auch von dem Schweizer Mathematiker Joost Bürgi (1552–1632) entdeckt, aber dieser veröffentlichte seine Erkenntnisse erst vier Jahre später als Napier.

Anfangs entwickelte man Logarithmen als Hilfsmittel für schwierige Multiplikations- und Divisionsaufgaben, aber seit es Computer und Taschenrechner gibt, braucht man sie dafür kaum noch. Auf Logarithmen basierte der Rechenschieber, ein Gerät, das in den 1950er- und 1960er-Jahren jeder Wissenschaftler und Mathematiker mit sich herumtrug. In den 1980er-Jahren haben dann fast alle auf Taschenrechner umgestellt.

Auch heute gibt es aber Anwendungsbereiche für Logarithmen, insbesondere beim Vergleich der Größenordnungen von Zahlen. Am häufigsten werden Logarithmen mit der Basis 10 verwendet.

Ein Logarithmus oder „log" gibt den Exponenten zur Basis 10 an, der gleich einer bestimmten Zahl ist. $\log(10)$ ist zum Beispiel 1, denn $10 = 10^1$. $\log(100) = 2$, weil $100 = 10^2$. $\log(100) = 3$, $\log(10\,000) = 4$, und so weiter. $\log(250) \approx 2{,}4$, weil $250 \approx 10^{2,4}$.

Mit dieser Methode kann man ein breites Spektrum ganz unterschiedlich großer Zahlen mit kleineren, besser handhabbaren Zahlen ausdrücken. Alle Zahlen zwischen 1 und 1 Milliarde lassen sich mit den Zahlen 1 bis 9 darstellen.

Die Richter-Skala für Erdbeben, die pH-Skala für Säuren und Basen und die Dezibel(dB)-Skala für Lautstärke bedienen sich der Logarithmen.

Anwendungsmöglichkeiten für Logarithmen

Praktische Anwendung finden Logarithmen in der Richter-Skala für die Stärke von Erdbeben. Auf dieser logarithmischen Skala ist eine Erhöhung um den Wert 1 gleichbedeutend mit einer Verzehnfachung der Erdbebenstärke. Zwischen zwei Erdbeben der Stärke 4 und 7 liegt also kein Unterschied von 3, sondern von 1000 ($7 - 4 = 3$; $10^3 = 1000$). Deshalb bemerkt man ein Beben der Stärke 4 kaum, während es bei Stärke 7 schwere Zerstörungen anrichtet.

Ganz ähnlich funktioniert auch die pH-Skala für den Säuren- und Basengehalt einer Lösung: Der pH ist der negative log der Wasserstoffionenkonzentration, eine kleinere Zahl signalisiert also einen höheren Säuregehalt. Die pH-Skala reicht von 1 (sehr sauer) bis 14 (sehr basisch). Angenommen, der pH von Milch beträgt 6,5 und der von Mineralwasser 2,5. Demnach enthält Mineralwasser 10.000-mal mehr Säure $(6,5 - 2,5 = 4; 10^4 = 10.000)$, oder Milch ist, umgangssprachlich gesagt, 10.000-mal basischer.

Die Dezibel(dB)-Skala ähnelt der Richter-Skala, hier kommt aber noch ein Element hinzu. Auf jeweils zehn Punkte der Dezibel-Skala kommt eine zehnfache Zunahme der Schallintensität. Am einfachsten arbeitet man mit der Dezibel-Skala, indem man die Zahlen durch 10 dividiert und sie dann wie die Richter-Skala behandelt.

Der Unterschied zwischen lauter Musik (100 dB) und einer normalen Unterhaltung (60 dB) entspricht einem Intensitätsunterschied von 10.000. Um das zu verstehen, können wir beide dB-Werte durch 10 dividieren; subtrahieren wir dann den einen Wert vom anderen, finden wir die Differenz 4. Der Lautstärkeunterschied ist 10^4 oder 10.000.

Zu Hörschäden kommt es bei kurzfristiger Einwirkung ab 120 dB, bei langfristiger Belastung (über 8 Stunden) bereits bei 85 dB. Bei einer Zunahme um jeweils 5 dB halbiert sich diese Zeit. Lärm von 90 dB kann man also vier Stunden aushalten, bevor Hörschäden einsetzen; bei 95 dB sind es noch zwei Stunden, bei 100 dB eine Stunde und so weiter.

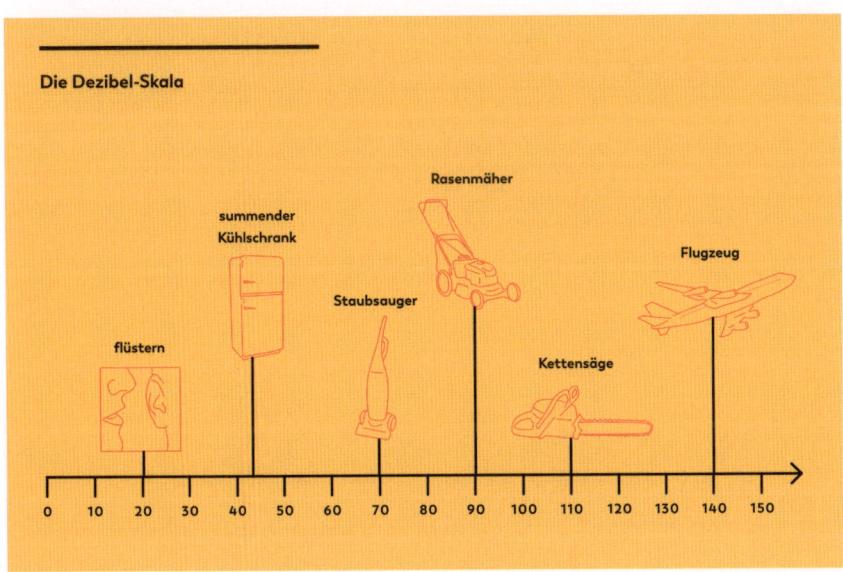

Die Dezibel-Skala

flüstern — summender Kühlschrank — Staubsauger — Rasenmäher — Kettensäge — Flugzeug

0 10 20 30 40 50 60 70 80 90 100 110 120 130 140 150

Die 72er-Regel

Die „72er-Regel" ist eine einfache Methode zur Abschätzung der Zeit, bis sich ein angelegter Geldbetrag bei einem bestimmten Zinssatz verdoppelt hat. Die Formel lautet einfach $Zeit = \frac{72}{Zinssatz}$. Ein zu 6% pro Jahr angelegter Betrag hat sich also nach $\frac{72}{6}$ oder 12 Jahren verdoppelt. Die Methode erfordert nur den eigenen Kopf und vielleicht Papier und Bleistift. Es ist eine nützliche Faustregel, genaue Ergebnisse liefert sie aber nicht.

Genauer betrachtet

Die 72er-Regel liefert nur eine näherungsweise Lösung. Eine exakte Antwort würde in dem genannten Beispiel voraussetzen, dass wir die Gleichung $2 = 1(1,06)^n$ (die Zinseszinsformel von S. 158) nach n auflösen. Wir investieren ein Kapital von 1€ und bekommen 2€ zurück. Die Variable n, nach der wir auflösen müssen, befindet sich im Exponenten. Deshalb müssen wir Logarithmen (S. 160/161) anwenden. Die Lösung sieht dann folgendermaßen aus:

Zinseszinsformel:

$$E = K(1 + s)^n$$

Wir setzen das Kapital (1€), den Endbetrag (2 €) und die Zinsen (6%) ein. Man kann beliebige Zahlen verwenden, aber mit 1 und 2 ist es am einfachsten.

$$2 = 1(1 + 0.06)^n$$

Vereinfachung der Klammern:
$$2 = 1(1,06)^n$$

Division durch 1 auf beiden Seiten:
$$2 = 1,06^n$$

Logarithmus beider Seiten:
$$\log(2) = \log(1,06)^n$$

Wir ziehen das n nach vorn (eine der vielen Eigenschaften von Logarithmen) und erhalten $\log(2) = n\log(1,06)$.

Division durch $\log(1,06)$ ergibt $\frac{\log(2)}{\log(1.06)} = n$, und das ist

$$11,9 = n$$

Die 12 kommt also dem Ergebnis recht nahe und ist viel einfacher zu berechnen – das ist das Gute an der 72er-Regel. Man sollte aber wissen, dass sie ihre Fehlerspanne hat. Die ungefähre Lösung lautet in diesem Fall 12 Jahre, das exakte Ergebnis beträgt aber 11 Jahre und 327 Tage, also etwa einen Monat weniger. Da es sich insgesamt aber um 143 oder 144 Monate handelt, dürfte der Unterschied nicht stark ins Gewicht fallen.

Wie genau ist sie?

Die Näherungsweise und die exakte Lösung stimmen bis auf ungefähr 7,85% überein. Die Näherung stimmt für Zinssätze zwischen 6,30 und 10,43% auf einen Monat genau, bei Zinssätzen zwischen 5,26 und 15,66% bis auf zwei Monate. Mit der Regel schätzt man die erforderliche Zeit bei Zinssätzen bis 7,85% zu hoch ein; wenn meine Anlage also eine enttäuschend niedrige Rendite

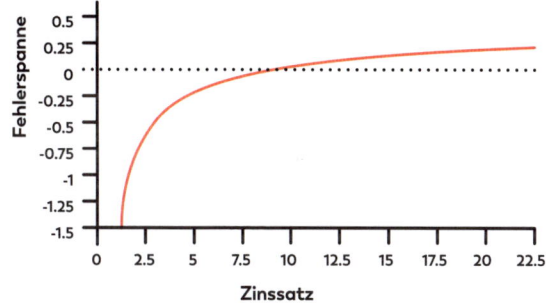

einbringt, ist es wenigstens eine angenehme Überraschung, wenn das Kapital sich früher als geschätzt verdoppelt hat.

Zwei weitere Beispiele

In welcher ungefähren Zeit verdoppelt sich das Kapital bei einem Zinssatz von 4 oder 8 Prozent im Jahr? Und wie lang ist der exakte Zeitraum?

Die Näherungslösung:

Bei 8% $Zeit = \frac{72}{8} = 9$ Jahre

Bei 4% $Zeit = \frac{72}{4} = 18$ Jahre

Die exakte Lösung:

Bei 8%

$$
\begin{aligned}
2 &= 1(1{,}08)^n \\
2 &= 1{,}08^n \\
\log 2 &= \log 1{,}08^n \\
\log 2 &= n\log 1{,}08 \\
\frac{\log 2}{\log 1{,}08} &= n \\
9{,}01 &= n
\end{aligned}
$$

Bei 4%

$$
\begin{aligned}
2 &= 1(1{,}04)^n \\
2 &= 1{,}04^n \\
\log 2 &= \log 1{,}04^n
\end{aligned}
$$

$$
\begin{aligned}
\log 2 &= n\log 1{,}04 \\
\frac{\log 2}{\log 1{,}04} &= n \\
17{,}67 &= n
\end{aligned}
$$

Bei 8% schätzt man den Zeitraum mit der 72er-Regel also um ein paar Tage zu niedrig, was bei neun Jahren nicht weiter ins Gewicht fällt. Bei 4% überschätzt man die Zeit um rund 120 Tage oder vier Monate; die Schätzung ist hier also etwas ungenauer, verschafft uns aber eine angenehme Überraschung. Es fällt auf, dass die exakte Lösung sich immer auf log(2), dividiert durch log(1 plus Zinssatz) reduziert.

Rückwärts arbeiten

Mein erstes Eigenheim kaufte ich im Frühjahr 1998. Im Frühjahr 2008 wurde es mit dem Doppelten des Preises bewertet, den ich zehn Jahre zuvor gezahlt hatte. Zu jener Zeit – vor Aktiencrash, Immobilien-, Banken- und Autokrise und dem ganzen Kram – war ich guter Dinge und wollte meine Rendite ausrechnen. Dazu bediente ich mich der 72er-Regel, aber ich tauschte die Variablen aus: $Zinssatz = \frac{72}{Zeit}$. Eine schnelle Berechnung, und ich wusste, dass meine Rendite 7,1% betrug.

Ehrlich gesagt: was mein Haus heute wert ist, möchte ich lieber nicht wissen.

Übung 24

Freiheit mit 65: Prinzip Hoffnung

DIE AUFGABE:

Roger erklärt oft, er wolle lieber früh sterben als alt zu werden, aber im Innersten denkt er doch über die Altersvorsorge nach. Er will von seinem 20. bis zum 29. Lebensjahr an jedem Geburtstag 1000 Euro auf die Seite legen. Pete will lieber erst einmal das Leben genießen und vom 30. bis 64. Geburtstag jedes Jahr 1000 Euro sparen. Angenommen, das Kapital wird mit jährlich 6,6 % und Zinseszins verzinst: Wer von beiden hat an seinem 65. Geburtstag mehr auf der Bank?

DIE METHODE:

Betrachten wir zunächst Roger. Mit 20 Jahren legt er den ersten Betrag für 45 Jahre an, den zweiten für 44 Jahre, den letzten schließlich für 36 Jahre. Betrachten wir jede Anlage einzeln, erhalten wir folgende Tabelle:

Um den Gesamtwert der Altersrücklage zu ermitteln, müssen wir die Zahlen in der Spalte „Wert am 65. Geburtstag" addieren:

$$\text{Rücklage} = 1000(1{,}066)^{36} + 1000(1{,}066)^{37} + \ldots + 1000(1{,}066)^{44} + 1000(1{,}066)^{45}$$

Dies ist eine geometrische Reihe mit zehn Termen; im ersten ist $E = 1000(1{,}066)^{36}$, und das gemeinsame s (Zinssatz) ist

Alter bei Anlage	Wert am 65. Geburtstag	Alter bei Anlage	Wert am 65. Geburtstag
20	$1000(1{,}066)^{45}$	25	$1000(1{,}066)^{40}$
21	$1000(1{,}066)^{44}$	26	$1000(1{,}066)^{39}$
22	$1000(1{,}066)^{43}$	27	$1000(1{,}066)^{38}$
23	$1000(1{,}066)^{42}$	28	$1000(1{,}066)^{37}$
24	$1000(1{,}066)^{41}$	29	$1000(1{,}066)^{36}$

1,066. Mit der Formel für die Summe geometrischer Reihen

$$S_n = \frac{a(r^n - 1)}{(r - 1)}$$

finden wir die Summe:

$$S_n = \frac{a(r^n - 1)}{(r - 1)}$$

$$S_n = \frac{1000(1,066)^{36}(1,066^{10} - 1)}{1,066 - 1}$$

Wir ziehen die Exponenten in die Klammern (s. S. 152/153) und erhalten:

$$S_n = \frac{1000(1,066^{46} - 1,066^{36})}{0,066}$$

$$S_n = \text{€}\,135.350,47$$

Jetzt sehen wir uns Pete an. Er investiert mit 30 Jahren für 35 Jahre, im folgenden Jahr für 34 Jahre und so weiter, bis zur letzen Einzahlung mit 64 für ein Jahr. Einzeln betrachtet, bilden seine Anlagebeträge die folgende Tabelle (die nicht alle Posten enthält):

Rücklage $= 1000(1,066)^1 + 1000(1,066)^2$ $+\ldots+ 1000(1,066)^{34} + 1000(1,066)^{35}$

In dieser geometrischen Reihe aus 35 Termen steht am Anfang $1000(1,066)^1$, der gemeinsame Zinssatz beträgt 1,066. Mit der Formel für die Summe geometrischer Reihen $S_n = \frac{a(r^n - 1)}{(r - 1)}$ finden wir die Summe:

$$S_n = \frac{1000(1,066)^1(1,066^{35} - 1)}{1,066 - 1}$$

Wir ziehen die $(1,066)^1$ in die andere Klammer und erhalten:

$$S_n = \frac{1000(1,066^{36} - 1,066^1)}{0,066}$$

$$S_n = \text{€}\,135.105,47$$

DIE LÖSUNG:

Obwohl Roger nur 10.000 Euro angelegt hat, ist sein Kontostand am Ende um 245 Euro höher als der von Pete, der insgesamt 35.000 Euro eingezahlt hat.

Alter bei Anlage	Wert am 65. Geburtstag	Alter bei Anlage	Wert am 65. Geburtstag
30	$1000(1,066)^{35}$	62	$1000(1,066)^3$
31	$1000(1,066)^{34}$	63	$1000(1,066)^2$
32	$1000(1,066)^{33}$	64	$1000(1,066)^1$

Übung 25

Freiheit mit 55: Lizenz zum Träumen

DIE AUFGABE:

Mike will mit 55 in Rente gehen. Dazu möchte er jeden Monat einen Betrag in seine Rentenversicherung einzahlen. Die Frage lautet: Wie viel sollte er monatlich zurücklegen?

DIE METHODE:

Bevor wir uns an die Lösung machen, müssen wir ein paar Details kennen. Erstens: Wie alt ist Mike? Wenn er 54 ist, sieht die Sache ganz anders aus als bei einem Zwanzigjährigen – ja, 20 müsste man sein!

Die nächste Frage betrifft seinen Lebensstil. Jeder kann sich mit 55 zur Ruhe setzen, die Frage ist nur, ob es ein angenehmer Ruhestand wird. Derzeit gibt Mike monatlich 2250 Euro aus. Berater empfehlen eine Rente von 60 % des derzeitigen Einkommens, weil ja auch die Kosten sinken. Das wären 1350 Euro im Monat.

Drittens stellt sich die Frage nach der Dauer des Ruhestandes. Viele Rentner befürchten, ihnen könne das Geld ausgehen, wenn sie unerwartet lange leben. Mike schätzt, dass er 85 Jahre alt wird.

Der vierte Faktor ist die Form der Geldanlage. Mike legt jeden Monat eine Summe zu einem Jahreszins von 6 % an. Das entspricht 0,5 % im Monat ($\frac{6\%}{12}$). Die

Zinsen jedes Monats lassen also schon Zinseszinsen entstehen.

Fünftens ist die Inflationsrate wichtig. In unserem Fall unterstellen wir hier einen konstanten Wert von 2,5 %.

Damit haben wir die Rahmenbedingungen festgelegt; jetzt können wir uns an die Lösung begeben.

Wie viel braucht er?

Von den 1350 Euro war bereits die Rede und in einem gewissen Sinn ist das auch richtig. Aber es sind 1350 heutige Euro, und dass die Preise steigen, wissen wir alle. In Wirklichkeit muss Mike also nicht mit dieser Summe, sondern mit ihrer zukünftigen Entsprechung rechnen. Da er 30 Jahre lang seinen Ruhestand genießen will, berechnen wir den entsprechenden Euro-Betrag für den Zeitpunkt nach 15 Jahren. Das entspricht zu Beginn einem besseren Lebensstil (mehr Kaufkraft) und am Ende einem schlechteren.

Nach 15-jährigem Ruhestand, also von heute gerechnet in 50 Jahren, ist Mike 70. Die zukünftige Entsprechung zum heutigen Betrag berechnet sich nach der Zinseszinsformel, wobei wir die Inflationsrate anstelle des Zinssatzes einsetzen. Diese beträgt also 0,025.

$$ZE = HB(1 + Zinssatz)^{Zahl\ der\ Jahre}$$
$$ZE = 1350(1 + 0,025)^{50}$$
$$ZE = 1350(1,025)^{50}$$
$$ZE = 464$$

Um das Gleiche zu kaufen wie heute mit 1350 Euro, braucht man in 50 Jahren 4640 Euro.

Als Nächstes berechnen wir, wie viel Geld Mike mit 55 besitzen muss, damit sich auf 30 Jahre die Entsprechung zu einer monatlichen Annuität von 4640 Euro ergibt. Die Formel lautet:

$$Betrag = Auszahlung \frac{(1 - (1 + Zinssatz)^{-Zahl\ der\ Auszahlungsperioden})}{Zinssatz}$$

Betrag ist die Unbekannte; *Auszahlung* ist 4640; *Zinssatz* ist 0,005 (0,5 % als Dezimalzahl – wir haben ja die 6 % durch 12 Monate dividiert), und *Zahl der Auszahlungsperioden* ist 360 (30 Jahre mal 12 Monate). Daraus ergibt sich:

$$Betrag = 4640 \frac{(1 - (1 + 0,005)^{-360})}{0,005}$$

$$Betrag = 4640 \frac{(1 - (1.005)^{-360})}{0,005}$$

$$Betrag = € 773.913,09$$

Diesen Betrag muss Mike ansparen, wenn er mit 55 einen angenehmen Ruhestand antreten will.

Wie viel sollte er sparen?

Jetzt müssen wir noch herausfinden, wie viel er jeden Monat auf die Seite legen muss, um die 773.913,09 Euro anzusparen. Dazu bedienen wir uns der gleichen Formel wie auf S. 165, aber dieses Mal machen wir uns nicht die Mühe, sie abzuleiten:

$$Betrag = Auszahlung$$

$$(1 + Zinssatz) \frac{[(1 + Zinssatz)^{Zahl\ der\ Einzahlungsperioden} - 1]}{Zinssatz}$$

Betrag ist 773.913,09; *Einzahlung* ist unsere Unbekannte; *Zinssatz* ist 0,005 (wiederum 6 % als Dezimalzahl, dividiert durch 12 Monate); und *Zahl der Einzahlungsperioden* ist 420 (35 Jahre mal 12 Monate):

$$733.913,09 = Einzahlung\,(1 + 0,005) \frac{[(1,005)^{420} - 1]}{0,005}$$

$$733.913,09 = Einzahlung\,(1,005) \frac{[(1,005)^{420} - 1]}{0,005}$$

$$\frac{733.913,09}{(1431,83385)} = Einzahlung\,(1,005)$$

$$€\ 512,57$$

DIE LÖSUNG:

Wenn Mike in seinem Ruhestand die Entsprechung zu 1350 Euro im Monat zur Verfügung haben will, muss er jeden Monat € 521,57 in einen Pensionsfonds einzahlen. Dies ist nach heutigem Geldwert berechnet, hier besteht also Spielraum für Schwankungen. Dies ist eines der großen Probleme bei selbst gestalteter und selbst bezahlter Altersvorsorge: Man muss ständig auf der Hut sein.

Codes und Chiffren

Wenden wir uns nun vom Geld ab und dem Datenschutz zu. Wo wären wir heute ohne passwortgeschützte Benutzerkonten, Identifizierungsnummern und Ähnlichem? Dass wir Nachrichten senden und empfangen können, ohne dass andere sie lesen, ist äußerst wichtig; die Kunst und Mathematik der Kryptografie mit ihren Codes und Chiffren gibt es schon seit der griechischen Antike.

Früher wurden nur politische, militärische oder wirtschaftliche Geheiminformationen verschlüsselt und die Kryptografie war ein Gebiet für Spezialisten. Heute aber haben wir in den Industrieländern tagtäglich damit zu tun. Ob wir eine Kreditkarte benutzen, eine „sichere" Website besuchen oder das Auto mit der Fernbedienung öffnen, immer bedienen wir uns der Kryptografie.

Codes
Code und Chiffre unterscheiden sich, die Wörter werden aber häufig synonym verwendet. Ein Code ist eigentlich eine Geheimsprache, in der ein Wort nicht seine normale, sondern eine andere Bedeutung hat. So etwas hört man in klassischen Agentenfilmen und die französische Widerstandsbewegung verständigte sich im 2. Weltkrieg mit seltsamen Nachrichten wie „Les carottes sont cuites" („Die Möhren sind gar"). Auch die US-Armee beschäftigte Codesprecher, meist Navajos, die ihre Sprache zur Übermittlung militärischer Nachrichten anpassten.

Chiffren
Eine Chiffre ist keine Geheimsprache, sondern eine Methode, um eine Sprache so zu verändern, dass man sie ohne den Schlüssel nicht mehr versteht. Die Chiffre ist also das System, mit dem Nachrichten ver- und entschlüsselt werden. Der Absender macht aus dem „Klartext" einen „verschlüsselten Text"; daraus stellt der Empfänger mithilfe des gleichen Schlüssels den ursprünglichen Text wieder her.

Eine gute Verschlüsselung ist nur mit großem Aufwand zu „knacken". Je länger das dauert, desto besser ist die Verschlüsselung.

Auflösung von Chiffren
Am Ende unseres Streifzuges durch die Algebra wollen wir uns zwei lohnende Verschlüsselungsmethoden genauer ansehen: die einfache Caesar-Verschlüsselung (s. S. 170/171) und ihre Weiterentwicklung, die ein wenig kompliziertere Vigenère-Verschlüsselung (s. S. 172/173), die noch während des amerikanischen Bürgerkrieges in Gebrauch war.

Beide beruhen darauf, dass Buchstaben durch andere Buchstaben ersetzt werden. Eine ganz ähnliche Form der Verschlüsselung kennen wir aus den Kryptogrammen in den Sonntagszeitungen.

Es kann sich dabei um schwierige Rätsel handeln, aber ihre Lösung erfordert nur die Anwendung eines Algorithmus und eine gewisse Geduld. Ein geeigneter erster Schritt zum Knacken einer solchen Verschlüsselung besteht darin, ein Buchstabenhäufigkeitsdiagramm aufzustellen. Im Englischen haben zum Beispiel e, t und a zusammen einen Anteil von fast einem Drittel an allen Buchstaben. Wenn man das weiß, bekommt man eine Vorstellung davon, welche Buchstaben für e, t und a stehen. Es gibt auch andere Indizien: Wörter aus nur einem Buchstaben sind beispielsweise „I" (ich) oder „a" (ein/eine) – vorausgesetzt, die Wortabstände sind noch vorhanden. Die häufigsten Wörter mit zwei Buchstaben sind im Englischen „of", „to", „in" und „it", mit drei Buchstaben sind „the", „and" und „are" am häufigsten.

Manche Geheimtexte erfordern eigentlich keine „Verschlüsselung", sondern verbergen sich in einem Wust von unwichtigem Text. Dann hat beispielsweise nur jeder zehnte oder zwanzigste Buchstabe eine Bedeutung, alles andere ist Füllstoff.

Diese Form hat beispielsweise die Schablonenverschlüsselung: Der Absender schreibt einen langen, irrelevanten Text und der Empfänger legt ein Blatt Papier mit Löchern darüber. Dieses deckt den unwichtigen Text ab, die wichtigen Buchstaben und damit die Nachricht bleiben sichtbar. Die Schablonenverschlüsselung ist aber nach einiger Zeit zu knacken.

Des Enigmas Lösung

Eines der vielleicht berühmtesten Beispiele für die Verschlüsselung war die „Enigma-Maschine", die Deutschland während des 2. Weltkriegs einsetzte. Sie erzeugte mit Walzen komplizierte Chiffren. Den Alliierten gelang aber mithilfe erbeuteter Enigma-Maschinen die Entschlüsselung, was wahrscheinlich zu einem schnelleren Ende des Krieges beitrug.

A B C D E F

Übung 26

Die Caesar-Verschlüsselung

DIE AUFGABE:

Melanie und Vicky planen für Emma eine Überraschungsparty. Alle drei chatten ständig im Internet, also müssen Melanie und Vicky einen Code erfinden, damit Emma die Nachricht selbst dann nicht versteht, wenn sie sie sieht. Verschlüssele mit der Caesar-Verschlüsselung den Satz „DIE PARTY FUER EMMA IST AM NEUNTEN NOVEMBER"; und entschlüssele die Antwort „QHXQWHU QRYHPEHU LVW JXW ELV GDQQ"

DIE METHODE:

Die Caesar-Verschlüsselung ist keine sehr sichere Methode, angehenden Geheimagenten würde ich sie deshalb nicht empfehlen. Sie ist aber schön einfach.

Zuerst müssen Melanie und Vicky sich für eine „Buchstabenverschiebung" entscheiden; das kann jede Zahl zwischen 1 und 26 sein. Dann schreiben sie das Alphabet in einer Zeile auf. Darunter schreiben sie es ein zweites Mal, aber um die vereinbarte Zahl von Buchstaben verschoben. Das A ist der erste Buchstabe des Alphabets; eine Verschiebung von 3 bedeutet also, dass sie unter das A den vierten Buchstaben D schreiben müssen. Von da an schreiben sie das ganze Alphabet, wobei zu jedem Buchstaben

der oberen Zeile ein um drei Stellen verschobener in der unteren Reihe gehört.

Als Nächstes suchen sie in der oberen Reihe den gewünschten Buchstaben und ersetzen ihn durch den zugehörigen Buchstaben aus der zweiten Zeile. Am Anfang der Nachricht wird also aus dem D ein G, aus dem I ein L, aus dem E ein H und so weiter. Es ist kein besonders raffinierter Code, also lassen wir die Wortzwischenräume an den ursprünglichen Stellen stehen. Die verschlüsselte Nachricht lautet nun GLH SDUWB IXHU HPPD LVW DP QHXQWHQ QRYHPEHU.

Um die Antwort QHXQWHU QRYHPEHU LVW JXW ELV GDQQ zu entschlüsseln, bewegen wir uns von der unteren zur oberen Reihe. Aus dem Q wird ein N, aus dem H ein E. Die entschlüsselte Nachricht

A B C D E F G H I J K L M N O P Q R S T U V W X Y Z
D E F G H I J K L M N O P Q R S T U V W X Y Z A B C

lautet „NEUNTER NOVEMBER IST GUT BIS DANN".

Die Caesar-Verschlüsselung kann man auch in einer Formel ausdrücken. Dazu müssen wir zuerst jedem Buchstaben eine Zahl zuordnen: A = 0, B = 1 und so weiter. Zur Verschlüsselung bedienen wir uns der Formel $E_n(x) = (x + n)$ $(mod26)$; dabei ist x der Buchstabe und n der Wert der Buchstabenverschiebung. Und „$mod26$" heißt ganz einfach, dass man nach dem 26. Buchstaben des Alphabets wieder am Anfang beginnt. In unserem Beispiel ist das D am Anfang der vierte Buchstabe des Alphabets und die Buchstabenverschiebung beträgt 3. Demnach ist $E_n(x) = (4 + 3)$ oder $E_x = 7$. Wir ersetzen also das D durch den siebten Buchstaben des Alphabets, ein G.

Wie nicht anders zu erwarten, bedient man sich zur Entschlüsselung der Formel $D_n(x) = (x - n)(mod26)$. Um das Beispiel oben umzukehren: $D_n(x) = (7 - 3)$ oder $D_x = 4$. Wir ersetzen also das G durch den vierten Buchstaben des Alphabets, ein D.

DIE LÖSUNG:

Aus der Nachricht „DIE PARTY FUER EMMA IST AM NEUNTEN NOVEMBER" wird „GLH SDUWB IXHU HPPD LVW DP QHXQWHQ QRYHPEHU". Und die entschlüsselte Version von „QHXQWHU QRYHPEHU LVW JXW ELV GDQQ" lautet „NEUNTER NOVEMBER IST GUT BIS DANN".

DYH FDHVDU

Zur Caesar-Verschlüsselung kann man jede Buchstabenverschiebung benutzen; Caesar selbst soll wie in dem Beispiel oben den Wert 3 bevorzugt haben. Da es aber (mit dem deutschen Alphabet) nur 26 Möglichkeiten gibt, ist der Code leicht zu knacken. Zu Caesars Zeit, als nur die wenigsten Menschen lesen konnten, reichte sie wahrscheinlich aus.

Übung 27

Vigenère-Verschlüsselung

DIE AUFGABE:

Wie Melanie und Vicky schnell erkennen, ist ihre Verschlüsselung leicht zu knacken; deshalb entschließen sie sich, die wirksamere Vigenère-Verschlüsselung zu benutzen. Anstelle der Buchstabenverschiebung wählen sie ein Schlüsselwort. Verschlüssele mit der Vigenère-Methode den Satz „TARNUNG AUFGEFLOGEN, NEUER PLAN NOTWENDIG" und entschlüssele „GDBAWM BONS MAWPYFO BGD LWMASBXF".

DIE METHODE:

Melanie und Vicky entscheiden sich für ein Schlüsselwort aus drei Buchstaben: die Abkürzung für den Monat, in dem die Nachricht verschickt wird, also JAN, FEB, MAR und so weiter. Melanie verschlüsselt im September die folgende Nachricht an Vicky: „TARNUNG AUFGEFLOGEN, NEUER PLAN NOTWENDIG".

Zur Verschlüsselung braucht sie ein „Vigenère-Quadrat". (Die Vigenère-Verschlüsselung ist einfach eine Caesar-Verschlüsselung mit wechselnder Buchstabenverschiebung.) In der vorherigen Übung haben wir alle Buchstaben um drei Stellen verschoben; dies entspricht in dem gegenüberliegenden Quadrat der Reihe D. Bei der Vigenère-Verschlüsselung wechseln wir die Verschiebung mithilfe eines Schlüsselworts;

sie ändert sich also mit jedem Buchstaben.

Melanie und Vicky bedienen sich eines monatlich wechselnden Schlüsselworts. Für Melanies Nachricht lautet es „SEP". Wir verwenden also die Zeilen S, E und P aus dem Quadrat.

BLAISE DE VIGENÈRE

Der französische Diplomat Blaise de Vigenère lebte von 1523 bis 1596. Er entwickelte ein Verschlüsselungssystem, aber seltsamerweise nicht das, welches seinen Namen trägt. Die Vigenère-Verschlüsselung wurde 1553 von Giovan Ballaso beschrieben.

```
  | A B C D E F G H I J K L M N O P Q R S T U V W X Y Z
A | A B C D E F G H I J K L M N O P Q R S T U V W X Y Z
B | B C D E F G H I J K L M N O P Q R S T U V W X Y Z A
C | C D E F G H I J K L M N O P Q R S T U V W X Y Z A B
D | D E F G H I J K L M N O P Q R S T U V W X Y Z A B C
E | E F G H I J K L M N O P Q R S T U V W X Y Z A B C D
F | F G H I J K L M N O P Q R S T U V W X Y Z A B C D E
G | G H I J K L M N O P Q R S T U V W X Y Z A B C D E F
H | H I J K L M N O P Q R S T U V W X Y Z A B C D E F G
I | I J K L M N O P Q R S T U V W X Y Z A B C D E F G H
J | J K L M N O P Q R S T U V W X Y Z A B C D E F G H I
K | K L M N O P Q R S T U V W X Y Z A B C D E F G H I J
L | L M N O P Q R S T U V W X Y Z A B C D E F G H I J K
M | M N O P Q R S T U V W X Y Z A B C D E F G H I J K L
N | N O P Q R S T U V W X Y Z A B C D E F G H I J K L M
O | O P Q R S T U V W X Y Z A B C D E F G H I J K L M N
P | P Q R S T U V W X Y Z A B C D E F G H I J K L M N O
Q | Q R S T U V W X Y Z A B C D E F G H I J K L M N O P
R | R S T U V W X Y Z A B C D E F G H I J K L M N O P Q
S | S T U V W X Y Z A B C D E F G H I J K L M N O P Q R
T | T U V W X Y Z A B C D E F G H I J K L M N O P Q R S
U | U V W X Y Z A B C D E F G H I J K L M N O P Q R S T
V | V W X Y Z A B C D E F G H I J K L M N O P Q R S T U
W | W X Y Z A B C D E F G H I J K L M N O P Q R S T U V
X | X Y Z A B C D E F G H I J K L M N O P Q R S T U V W
Y | Y Z A B C D E F G H I J K L M N O P Q R S T U V W X
Z | Z A B C D E F G H I J K L M N O P Q R S T U V W X Y
```

```
  | A B C D E F G H I J K L M N O P Q R S T U V W X Y Z
S | S T U V W X Y Z A B C D E F G H I J K L M N O P Q R
E | E F G H I J K L M N O P Q R S T U V W X Y Z A B C D
P | P Q R S T U V W X Y Z A B C D E F G H I J K L M N O
```

Bei der Verschlüsselung des ersten Buchstabens gilt die Zeile s, beim zweiten die Reihe e und beim dritten die Reihe p. Die Zahl der Buchstaben im Schlüsselwort (die „Periode" des Schlüssels) beträgt 3, beim vierten Buchstaben kommt also wieder die Zeile s zum Einsatz. Aus „TARNUNG AUFGEFLOGEN, NEUER PLAN NOTWENDIG" wird dann „LEGFYCY EJXKTXPDYIC, FIEWV EKEC FSIOICVMV".

Vickys im Oktober geschickte Antwort lautet: „GDBAWM, BONS MAWPYFO BGD LWMASBXF" Um sie zu entschlüsseln, bedient sich Melanie der Zeilen o, k und t aus dem Vigenère-Quadrat:

```
  | A B C D E F G H I J K L M N O P Q R S T U V W X Y Z
O | O P Q R S T U V W X Y Z A B C D E F G H I J K L M N
C | C D E F G H I J K L M N O P Q R S T U V W X Y Z A B
T | T U V W X Y Z A B C D E F G H I J K L M N O P Q R S
```

In der Zeile o sucht sie das G auf: Es entspricht einem s. Dann sucht sie das D in der Zeile k auf: es entspricht einem T. Als Nächstes findet sie in der Zeile T B, das einem I entspricht. So geht sie die Zeilen durch, bis sie die Nachricht entschlüsselt hat.

Aus Vickys verschlüsselter Nachricht „GDBAWM BONS MAWPYFO BGD LWMASBXF" wird dann „STIMMT, NEUE CHIFFRE IST SICHERER".

DIE LÖSUNG:

Die Klartextnachricht „TARNUNG AUFGEFLOGEN, NEUER PLAN NOTWENDIG" lautet in verschlüsselter Form „LEGFYCY EJXKTXPDYIC, FIEWV EKEC FSIOICVMV".

Aus der verschlüsselten Antwort „GDBAWM, BONS MAWPYFO BGD LWMASBXF" wird nach dem Entschlüsseln „STIMMT, NEUE CHIFFRE IST SICHERER".

Register

Abels, Niels 33
Abu Kamil 82
Altes Ägypten 18 f., 70 f.
Apastamba 74
Apian, Peter 130
Arabische Mathematik 82 f.
Archimedes 19, 36, 46, 58 f.
Archimedische Körper 60 f.
Arithmetische Reihen
146 f.
Aryabhata 37, 74

Babylonier 33, 36, 46 f.
Banu-Musa-Brüder 82, 86
Baudhayana 74
Baum fällen 38 f.
Beeckman, Isaac 116
Bellaso, Giovan 172
Bergkiefernkäfer,
exponentielles Wachstum
156 f.
Bernoulli, Jakob 141
Bernoulli, Johann 140
Binomischer Lehrsatz
136 f.
Bombelli, Rafael 105,
111
Bouguer, Pierre 25
Boyer, Carl 87
Brahmagupta 15, 33, 75,
78 f., 104

Cardano, Girolamo 88,
102 f., 105
Chayyam, Omar 90 f.
al-Chwarizmi 37, 82, 86 f.,
88, 98
Clementi, Pier Francesco
111

Codes und Verschlüsselungen
168 f.
Caesar-Verschlüsselung
170 f.
Vigenère-Verschlüsselung
172 f.

Descartes, René 88, 105,
116 ff., 122
Diophantos von Alexandria
64 f., 87, 111
Diophantische Gleichungen
66 f.
al-Dschaijani 37

elektromagnetische Felder
104
Eratosthenes 58, 62 f.
Erdumfang 63
Euklid 33, 36, 53, 54 f.
Euklids Algorithmus 56 f.
Euler, Leonhard 19, 140
Euler-Kreis 140 ff.
Exponenten 152 f., 156 f.

Fakultäten 124 f.
Ferrari, Lodovico 103, 111
Ferro, Scipione 103
Fibonacci (Leonardo Pisano)
83, 94 f., 98
Fibonacci-Zahlenfolge 98 f.,
135
Fraktale 104

Galileo 116 f.
Gauß, Carl Friedrich 105,
145 f.
Geraden zeichnen 118 f.
Gewinnchancen 138 f.

Gewinnmaximierung 120 f.
gleichnamige Glieder 35
Gleichungen, (siehe auch
Quadratische Gleichungen)
24 ff.
Griechenland, das alte 36 f.,
42 ff.
Goldener Schnitt 100 f.

Harriot, Thomas 25
Harun ar-Raschid 82
Heron von Alexandria 47
Hipparchos von Nicäa 36 f.
Hippasos von Metapont 46
Haus der Weisheit 82

Ibrahim ibn Sinan 82
Imaginäre Zahlen 104 f.
Indien 37, 54 f., 130
Italien 94 ff.

Jia Xian 130
Jones, William 19

al-Karadschi 82, 130
Katyayana 74
Kegel 91
al-Kindi 82
Kombinationen 126 f., 132 f.
Komplexe Arithmetik
106 ff.
Komplexe Zahlen 104 f.
Konjugierte Zahlen 110 f.

Laplace, Pierre-Simon 74
Logarithmen 160 f.

Magisches Quadrat 75
Mahavira 75

al-Ma'mun 82
Mersenne, Martin 122 f.
Münzwurf 138 f.

Napier, John 141
Null 15, 78, 104

Papyrus Moskau 71
Papyrus Rhind 71
Parabeln zeichnen 96 f.
Pascal, Blaise 122 f.
Pascalsches Dreieck 130 ff.
Pell, John 79
Permutationen 126 ff.
Persien 37, 82, 130
Pi (π) 18 f.
Platon 50 f.
Platonische Körper 51 ff.
Polynome 32 ff., 145
Pythagoras 42 f., 46, 50, 104
    Der Satz des Pythagoras
    44 f.
Pythagoreische Tripel 45

Quadratische Gleichungen
    72 f., 76 f., 80 f., 84 f., 112 f.
    Quadratformel 88 f.

Radioaktiver Zerfall 157
Rangordnung der
    Operationen 20 ff., 28 f.
Recorde, Robert 25

Schwerkraft 32, 112
Sokrates 50
Sridhara 75

Tartaglia, Nicolo 102 f., 111
Telefongebühren 118

Theaetetos 53
Theon von Smyrna 63
Trigonometrie 36 ff.
Todesstrahl 59
Varahamihira 75, 130
Vigenère, Blaise de 172

Wallis, John 19
Weber, Wilhelm 145
Wechselstromschaltkreise
    104, 106
Winkel, rechte 45

Zahlenmengen 14 ff.
Zerlegen ganzer Zahlen 30 f.
Zinsen und Investments
    72er-Regel 162 f.
    Einfacher Zins 155 f.
    Rentensparpläne 164 ff.
    Zinseszins 158 f.